高职高专规划教材

YUANYI SHESHI

园艺设施

陈杏禹 李立申 主编

化学工业出版社

·北京·

本书是高职高专植物生产类专业支撑课园艺设施配套教材。全书共分五章，主要介绍了园艺设施概述、简易设施、塑料拱棚、日光温室（现代化温室）、设施环境调控等内容。本书以工作过程为导向，各章节按照了解园艺设施结构类型、设计建造园艺设施直至熟练应用设施的顺序编写，使学生通过学习掌握园艺设施的结构类型、设计建造原理及应用技术。

本书内容全面、实用性强，可作为高职高专院校、成人教育、五年制高职植物生产类专业教学用书，也可供相关行业生产、技术人员参考。

图书在版编目（CIP）数据

园艺设施/陈杏禹，李立申主编. —北京：化学工业出版社，2011.6（2021.2重印）
ISBN 978-7-122-11092-3

Ⅰ.园… Ⅱ.①陈…②李… Ⅲ.园艺-设备-教材 Ⅳ.S6

中国版本图书馆CIP数据核字（2011）第069170号

责任编辑：刘　军　　　　　　　　　　文字编辑：张春娥
责任校对：战河红　　　　　　　　　　装帧设计：张　辉

出版发行：化学工业出版社（北京市东城区青年湖南街13号　邮政编码100011）
印　　装：北京盛通商印快线网络科技有限公司
710mm×1000mm　1/16　印张12　字数227千字　2021年2月北京第1版第6次印刷

购书咨询：010-64518888　　　　　　售后服务：010-64518899
网　　址：http://www.cip.com.cn
凡购买本书，如有缺损质量问题，本社销售中心负责调换。

定　　价：24.00元　　　　　　　　　　　　　　　　版权所有　违者必究

本书编写人员名单

主　编　陈杏禹　李立申

副 主 编　那伟民　李海山

编写人员　陈杏禹（辽宁农业职业技术学院）

　　　　　李立申（辽宁农业职业技术学院）

　　　　　那伟民（辽宁农业职业技术学院）

　　　　　李海山（青海畜牧兽医职业技术学院）

　　　　　于红茹（辽宁农业职业技术学院）

　　　　　佘德琴（南通农业职业技术学院）

主　审　吴会昌（辽宁职业学院）

前言

改革开放以来,我国设施园艺得到迅猛发展。目前我国拥有的大型园艺设施占世界园艺设施面积的 90% 以上,是世界上最大的设施园艺生产区域。设施园艺的发展不仅提高了人民的生活水平,同时也成为农民增产增收的主要途径和农业产业结构调整的首选发展项目。园艺设施设计、建造和应用是发展设施园艺的基础,是设施园艺增产增收的重要保证。

园艺设施是植物生产类专业的主要专业支撑课之一,旨在介绍园艺设施的类型、结构、设计原理和建造步骤及正确的应用方法,使学生通过理论学习和技能训练掌握园艺设施的设计、工作原理和小气候调控技术,能够熟练应用园艺设施,生产出优质高产的植物产品。本教材的编写以工作过程为导向,按照了解园艺设施的结构类型、设计建造园艺设施、熟练应用园艺设施的顺序编排各章节内容,使学生通过学习掌握相关知识技能。本教材突出先进性和实用性,可直接用于指导园艺设施的设计建造与应用,每章后面附有展示国内外先进实用的设施类型和研究成果的参考资料。

本书共分五章,第一章由陈杏禹编写,第二章由那伟民、佘德琴编写,第三章由李海山、于红茹编写,第四章由陈杏禹、李立申编写,第五章由陈杏禹、于红茹编写。全书插图由那伟民绘制,陈杏禹为全书统稿。辽宁职业学院吴会昌教授担任本教材的主审。另外,在编写过程中,参考了不少同行的研究成果,在此一并表示感谢。

由于编者水平有限,加之编写时间仓促,不足之处在所难免,恳请各院校师生批评指正,以便今后修改完善。

编 者
2011 年 3 月

园/艺/设/施

目 录

第一章 园艺设施概述 ... 1
第一节 园艺设施类型及功能 ... 1
一、设施园艺和园艺设施 ... 1
二、园艺设施的主要类型和功能 ... 1
三、设施园艺的特点 ... 3
第二节 设施园艺的发展历史与现状 ... 4
一、国内外设施园艺的发展历史 ... 4
二、国外设施园艺发展现状与发展趋势 ... 5
三、我国设施园艺的发展现状和发展对策 ... 8
技能训练 初识园艺设施 ... 11
本章小结 ... 12
复习思考题 ... 13

第二章 简易设施 ... 14
第一节 近地面覆盖设施 ... 14
一、风障畦 ... 14
二、阳畦 ... 17
三、温床 ... 20
四、地膜覆盖 ... 26
五、农用无纺布覆盖 ... 31
第二节 越夏栽培设施 ... 34
一、遮阳网覆盖 ... 34
二、防虫网覆盖 ... 37
三、防雨棚 ... 39
技能训练1 电热温床的设计与安装 ... 39
技能训练2 地膜覆盖技术 ... 42
技能训练3 半透明覆盖材料的种类和性能调查 ... 43
本章小结 ... 44
复习思考题 ... 44

第三章 塑料拱棚 …… 46

第一节 小拱棚 …… 46
一、小拱棚的类型结构 …… 46
二、小拱棚的性能 …… 47
三、小拱棚的应用 …… 48

第二节 塑料中棚 …… 48
一、塑料中棚的类型和结构 …… 48
二、塑料中棚性能 …… 50

第三节 塑料大棚 …… 50
一、塑料大棚的结构 …… 50
二、塑料大棚的类型 …… 51
三、塑料大棚的设计规划 …… 55
四、大棚的建造 …… 60
五、大棚的应用 …… 67

技能训练1 小拱棚的建造 …… 67
技能训练2 塑料大棚结构性能调查 …… 68
技能训练3 塑料大棚的设计 …… 69
技能训练4 棚膜的焊接与覆盖 …… 70
本章小结 …… 73
复习思考题 …… 73

第四章 温室 …… 74

第一节 日光温室 …… 74
一、日光温室的主要类型 …… 74
二、日光温室的采光设计 …… 80
三、日光温室的保温设计 …… 87
四、温室群的规划设计 …… 91
五、园艺设施的荷载 …… 93
六、日光温室的建筑材料 …… 98
七、日光温室的建造 …… 104

第二节 现代化温室 …… 121
一、现代化温室的结构 …… 121
二、现代化温室的类型 …… 124
三、现代化温室的生产系统 …… 126
四、常用无土栽培设施 …… 131

五、现代化温室在我国的使用状况 ……………………………………………… 139
　技能训练1　日光温室结构与性能调查 …………………………………………… 140
　技能训练2　日光温室设计与规划 ………………………………………………… 141
　技能训练3　日光温室棚膜与草苫覆盖 …………………………………………… 142
　技能训练4　现代化温室结构与性能调查 ………………………………………… 144
　本章小结 ……………………………………………………………………………… 145
　复习思考题 …………………………………………………………………………… 146

第五章　园艺设施的环境特点及调控措施 …………………………………………… 147
　第一节　园艺设施的光照环境及其调节控制 ……………………………………… 147
　　一、园艺植物对光环境的要求 ……………………………………………………… 147
　　二、园艺设施内光照环境的特点 …………………………………………………… 149
　　三、园艺设施光照条件的调控措施 ………………………………………………… 151
　第二节　园艺设施的温度环境及其调节控制 ……………………………………… 153
　　一、园艺植物对温度环境的要求 …………………………………………………… 153
　　二、园艺设施内的温度环境特点 …………………………………………………… 154
　　三、园艺设施内的温度调节控制 …………………………………………………… 156
　第三节　园艺设施的湿度环境及其调节控制 ……………………………………… 159
　　一、园艺植物对水分的要求 ………………………………………………………… 160
　　二、湿度环境的组成及特点 ………………………………………………………… 160
　　三、设施湿度环境的调节控制 ……………………………………………………… 162
　第四节　园艺设施的土壤环境及其调节控制 ……………………………………… 163
　　一、土壤环境的组成及其特点 ……………………………………………………… 163
　　二、设施土壤环境的调节控制 ……………………………………………………… 165
　第五节　园艺设施气体环境及其调节控制 ………………………………………… 167
　　一、园艺设施的气体环境及其特点 ………………………………………………… 167
　　二、园艺设施气体环境的调节控制 ………………………………………………… 169
　第六节　秸秆生物反应堆技术的应用 ……………………………………………… 172
　　一、秸秆生物反应堆的应用效果及原理 …………………………………………… 172
　　二、秸秆生物反应堆的建造 ………………………………………………………… 173
　　三、秸秆生物反应堆使用注意事项 ………………………………………………… 175
　第七节　灾害性天气对策 …………………………………………………………… 176
　　一、大风天气 ………………………………………………………………………… 176
　　二、暴风雪 …………………………………………………………………………… 177
　　三、寒流强降温 ……………………………………………………………………… 177
　　四、连续阴天 ………………………………………………………………………… 177

五、冰雹灾害 …………………………………………………… 178
六、久阴暴晴 …………………………………………………… 178
技能训练　园艺设施小气候观测 ……………………………… 178
本章小结 ………………………………………………………… 181
复习思考题 ……………………………………………………… 181

参考文献 ……………………………………………………… 182

第一章 园艺设施概述

目的要求 了解设施园艺和园艺设施的概念；了解设施园艺的特点、发展历史、现状和发展趋势；掌握园艺设施的主要类型及其在生产中的作用。

知识要点 设施园艺和园艺设施的概念；园艺设施的主要类型及其作用；设施园艺的特点；国内外设施园艺的发展现状及发展趋势。

技能要点 能识别各种园艺设施的类型并初步了解其作用。

第一节 园艺设施类型及功能

一、设施园艺和园艺设施

设施栽培和露地栽培是园艺植物生产的两种方式。所谓设施园艺是指在不适宜园艺植物生长发育的寒冷或炎热季节，利用专门的保温防寒或降温防雨设施、设备，人为地创造适宜园艺植物生长发育的小气候条件进行生产。其栽培的目的是在冬春严寒季节或盛夏高温多雨季节提供新鲜果蔬产品及观赏植物上市，以季节差价来获得较高的经济效益。因此，又称为"不时栽培"、"反季节栽培"或"保护地栽培"。栽培中用于保温防寒或降温防雨的设施设备统称为园艺设施。

二、园艺设施的主要类型和功能

1. 园艺设施的主要类型

园艺设施的主要类型包括风障畦、阳畦、育苗温床、地膜覆盖、塑料大棚、中棚、小拱棚、防虫网及遮阳网覆盖、日光温室以及现代化连栋温室等。

2. 几种设施类型的功能

由于地区和自然条件的差异及市场需求不同，园艺植物设施栽培各有其特点，就其生产作用而言，可概括为以下几种。

（1）育苗 寒冷季节利用风障、阳畦、温床、塑料棚及温室等设施为蔬菜、花卉育苗，以便达到提早定植，调节产品上市期的目的；或在夏季利用荫棚培育芹菜、番茄等幼苗，防止高温危害，以利进行秋冬季生产。如图1-1为蔬菜育苗工厂

图 1-1 育苗工厂生产场景

生产场景。

（2）反季节栽培 在北方利用日光温室和加温温室进行喜温蔬菜的越冬生产；利用风障、塑料棚等于入冬前定植耐寒性蔬菜，在保护设施下越冬，早春提早收获，如风障根茬菠菜、韭菜、小葱等，大棚越冬菠菜、芫荽，中小棚的芹菜、韭菜等；利用塑料棚、温室进行防寒保温，提早定植，以获得早熟产品；夏季播种育苗，秋冬季在设施内栽培蔬菜，以延长供应期；高温多雨的炎夏利用遮阳网、防虫网等设施、设备进行遮阳、降温、防雨，可进行喜凉蔬菜、花卉的越夏栽培。如图1-2为设施蔬菜反季节栽培场景。

图 1-2 西瓜、黄瓜的反季节栽培

（3）软化栽培 利用软化窖使某些蔬菜的鳞茎、根、种子等在遮光条件下生长，从而生产出韭黄、蒜黄、豆芽菜、菊苣芽球等产品。

（4）假植栽培（贮藏） 秋冬期间利用保护设施把在露地已长成或半长成的商品菜连根掘起，密集囤栽在阳畦或小棚中，使其继续生长，如芹菜、莴笋、小萝卜、花椰菜等。经假植后于冬春供应新鲜蔬菜。

（5）无土栽培 利用保护设施进行无土栽培（水培、砂培、雾培、岩棉栽培），生产蔬菜、花卉等园艺植物。

（6）为种株、种球进行越冬贮藏或采种 珍稀蔬菜、花卉品种的种株、种球利用温室或阳畦进行越冬防冻贮藏。为加速蔬菜、花卉的育种进程进行设施加代繁殖。

(7) 观光旅游和生态餐厅　随着现代农业和都市农业的发展，对大型连栋温室内部进行总体规划设计，配置珍稀植物和园林小品，建设农业观光园区和生态餐厅，已成为现代化连栋温室的主要功能之一。如图1-3、图1-4所示。

图1-3　观光园区

图1-4　生态餐厅

三、设施园艺的特点

与露地园艺植物栽培相比较，设施园艺具有以下特点。

1. 需要特定的园艺设施

设施园艺是在人为控制的小气候环境条件下对园艺植物进行反季节栽培，因此，必须要有特定的园艺设施来创造和控制小气候条件。我国现今使用的园艺设施大体可分为大型设施（如塑料薄膜大棚、单栋温室、连栋温室等）、中小型设施（如中小棚、改良阳畦等）和简易设施（如风障、阳畦、冷床、温床、地膜覆盖等）等。各种设施在生产中都能发挥特定的作用，但因其性能不同，各自的用途又有所不同。在选用时应根据当地的自然条件、市场需要、栽培季节和栽培目的而选择适用的设施进行生产。需要指出的是，大型设施的投资要比中小型及简易设施高出几倍到几十倍，为了充分发挥园艺设施的作用，调节资金、物料和劳力的使用，发展设施园艺需要考虑多种设施配套，大中小型结合，按比例发展。

2. 集约化生产

设施生产是集约化生产。除需要设备投资外，还需加大生产投资，特点是高投入、高产出。因此，必须在单位面积上获得最高的产量，最优质的产品，提早或延长（延后）供应期，提高生产率，增加收益，否则对生产不利，影响发展。

3. 人工创造小气候条件

园艺植物设施栽培，是在不适宜作物生育的季节进行生产，因此园艺设施中的环境条件，如温度、光照、湿度、营养、水分及气体条件等，要靠人工进行创造、调节或控制，以满足园艺植物生长发育的需要。环境调节控制的设备和水平，直接影响产品的产量和品质，也就影响着经济效益。

4. 要求较高的管理技术

设施栽培要求较高的管理技术，首先必须了解不同园艺植物的不同生育阶段对外界环境条件的要求，并掌握园艺设施的性能及其变化规律，协调好两者间的关系，从而创造适宜作物生育的环境条件。设施园艺涉及多学科知识，所以要求生产者素质高，知识全面，不但懂得生产技术，还要善于经营管理，有市场意识。

5. 风险大，经济效益高

设施栽培投入较高，而且反季节生产容易受到风灾、雪灾、冰雹等不可抗拒的自然灾害的影响，因此，生产的风险较大。同时，与露地栽培相比，生长期长，产量高，产品上市价格高，经济效益可观。据统计，设施黄瓜、番茄等果菜类每亩（1亩=666.67m^2）产量可达10~20t，较露地栽培增产10倍；每亩温室大棚蔬菜获得的经济效益通常是露地蔬菜收入的5~7倍，是大田作物收入的10倍左右。因此，发展设施园艺，应注重增强园艺设施的抗灾和减灾能力，加强日常管理，尽可能降低风险，争取获得最大经济效益。

第二节 设施园艺的发展历史与现状

一、国内外设施园艺的发展历史

1. 我国设施园艺的发展历史

我国应用保护地设施栽培蔬菜已有悠久的历史。最早有文字记载的是在西汉（公元前206~公元23年），《汉书》循吏传第五十九记载"太官园种冬生葱韭菜菇，覆以屋庑，昼夜燃蕴火，待温气乃生"，说明我国在2000多年前已能利用保护设施栽培多种蔬菜。到了唐朝，设施种菜又有新发展，唐朝（公元618~907年）诗人王建在宫前早春诗中有"酒幔高楼一百家，宫前杨柳寺前花，内苑分得温汤水，二月中旬已进瓜"，说明我国于1200多年前已用天然温泉进行瓜类栽培。又据元朝王祯著《农书》记载："至冬移根藏以地屋荫中，培以马粪，暖而即长"，"就旧畦内，冬月用马粪覆之，于向阳处，随畦用蜀黍篱障，遮北风，至春，疏其芽早出"，"十月将稻草灰盖三寸，又以薄土覆之，灰不被风吹，立春后，芽生灰内，即可取食"。说明600多年前已有阳畦、风障韭菜栽培。明朝王世懋在《学圃杂疏》中写道："王瓜，出燕京者最佳，其地人种之火室中，逼生花叶，二月初，即结小实，中官取以上供"，说明400多年前，北京的温室黄瓜促成栽培已取得经验。我国劳动人民在长年生产实践中，战胜自然，不断革新，创造了很多种设施类型，显示了无穷智慧,积累了丰富的设施栽培经验。而在 1949 年后,随着生产关系的改变,生产力的发展,人民生活水平的提高,设施的新类型以及栽培的新技术、新方式不断提出,促使园艺植物的设施生产有了巨大发展。从我国近期设施发展情况看,20 世纪 40 年代仅少量应用风障、阳畦、简易覆盖、土温室等设施;50 年代初期已大量应用近地面覆盖,如风障畦、阳畦、温床等,并对阳畦、土温室进行了总结推广,进而出现了改良阳畦、北京改良温室、东北立窗温室、废气热加温温室、鞍山式日光温室等。20 世纪 60 年代开始,随着我国塑料工业的发展,以塑料大棚、日光温室为主体的设施栽培得到了迅速发展。以后又相继发展了加温温室、育苗工厂、无土栽培、地膜、遮阳网、无纺布等覆盖栽培,形成了有中国特色的设施园艺生产新体系。

2. 国外设施园艺的发展历史

国外设施栽培的发展,以罗马帝国最早,公元 14～37 年间,冬季用木箱装土,覆盖云母薄片,利用太阳光热进行生产。法国在 17 世纪初,利用木箱种植豌豆。德国于 1619 年建成双屋面温室,是德国最早的温室。英国最早的玻璃温室建于 1717 年,1815 年英国开始建成半圆形弯曲屋顶的温室。19 世纪初,英国学者大量研究温室屋顶的坡度及加温设备问题。美国的温室是从 16 世纪以来,随着欧洲的移民而引入。18 世纪初,始有文字记载。19 世纪中叶,美国各地成立了温室建筑业。日本江户时代庆长年间(1596～1615 年)于静冈县采用草框油纸窗温床,培育早春苗,进行瓜果类蔬菜早熟栽培。1868 年英国商人在日本建造温室,这是日本最早的玻璃温室。1889 年日本福羽逸人在庭园里建成小型温室,1890 年又在新宿的植物御园内建成玻璃框的温床栽培蔬菜,这是日本最早进行蔬菜设施栽培的时期。

二、国外设施园艺发展现状与发展趋势

1. 国外设施园艺发展现状

(1) 世界各国设施园艺发展概况

① 荷兰 设施园艺是荷兰经济的重要支柱和特色,其设施园艺主要发展经济价值较高的鲜花和蔬菜,全国现有大型连栋玻璃温室 1.3 万公顷,其中蔬菜、花卉的生产约各占一半。温室全部采用计算机控制,实现了高度自动化。在园艺生产的领域内,除了温室公司外,还有泥炭公司、种子公司、种苗公司以及肥料、农药、农具等为生产服务配套的公司。高成本的投入,高效率的劳动,高质量、高产量的产出,高效益的收入,是荷兰温室园艺生产持续发展、不断提高的主要原因。目前,荷兰是世界第一大花卉出口国,世界第三大农产品出口国。

② 日本 日本设施园艺水平居世界前列,蔬菜、花卉、水果是其设施园艺的

主要产品。现有设施总面积达5.4万公顷,其中95%是塑料温室,其温室配套设施和综合环境调控技术处于世界先进行列。

③ 以色列　以色列耕地面积小,而且一半的可耕地必须使用灌溉供水,因此大力发展设施园艺产业,尤其在节水灌溉方面,处于世界领先地位。现有温室超过$3000hm^2$,多数是大型塑料薄膜连栋温室。设施生产中充分利用光热资源的优势和世界一流的灌溉技术、种植技术,主要生产花卉和高档蔬菜,产品大量出口欧洲各国,被称为"欧洲的厨房"。

④ 美国　美国温室面积目前约为1.9万公顷,主要种植花卉,达1.3万公顷。美国温室规模虽然不大,但设备先进,生产水平一流,多数为玻璃温室,少数为双层充气温室,近年来又在发展最先进的聚碳酸酯(PC)板材温室。另外,美国对设施栽培的尖端技术研究非常重视,已有成套的、全部机械化操作的全自动设施栽培技术。

⑤ 其他国家　法国、西班牙等国家,由于气候条件较好,夏季气温不太高,冬季气温也不太低,因此主要发展塑料温室。

(2) 国外设施园艺发展特点

① 种苗产业非常发达　近年来,荷兰、日本、以色列、韩国等非常重视温室专用品种的选育,先后培育出大量适宜设施栽培的耐低温、高温、寡照、高湿,具有多种抗性、优质高产的种苗。如荷兰有130个种苗专营公司,种子资源有强大优势,在脱毒、快繁等方面有很高的技术水平。荷兰是世界四大种子出口国之一,有4900个品种,$1200hm^2$生产面积,种子出口100多个国家。日本、韩国、以色列的蔬菜种子在我国也有较大面积种植,均有良好的表现。

② 单产水平高　设施园艺是资金、技术密集型的高产高效集约化栽培方式。荷兰温室番茄年产量达$40\sim50kg/m^2$,温室黄瓜年产量为$60kg/m^2$,商品率高达90%以上,86%的产品销往世界各地。日本、以色列、韩国、西班牙等国单位面积优质蔬菜产出率也相当高,因而农户收入水平也高。如荷兰,$420hm^2$蔬菜温室,以生产番茄、黄瓜、甜椒为主,产值高达12亿~14亿美元。

③ 规模化、专业化的生产水平高　以荷兰为例,设施园艺产业实现高度专业化生产,通常每一农户的生产规模平均在$0.9hm^2$以上,但只栽培一种蔬菜,这对种植者积累经验、提高技术有益,能稳定提高产量与品质,同时也促进了专业设施、设备的开发利用,温室的机械化、自动化控制更易实施,劳动生产效率提高,生产成本降低。

④ 环境控制自动化和作业机械化　温室环境控制采用计算机智能化调控。调控装置采用不同功能的传感器,准确采集设施内室温、叶温、地温、室内湿度、土壤含水量、溶液浓度、二氧化碳浓度、风向、风速以及作物生长状况等参数,通过

数字转换后传回计算机，并对数据进行统计分析和智能化处理，根据作物生长所需最佳条件，由计算机智能系统发出指令，使有关系统、装置及设备有规律动作，将室内温、光、水、肥、气等诸因素综合协调到最佳状态，确保一切生产活动科学、有序、规范、持续。计算机有记忆、查询及决策功能，为种植者全天候24h提供帮助。采用智能化温室自动控制系统可以达到节能、节水、节肥、节省农药，提高作物产量和品质的目的。

发达国家的温室作物栽培，已普遍实现了播种、育苗、定植、管理、收获、包装、运输等作业的机械化、自动化。例如，荷兰某公司的8000m^2盆花从播种、育苗到定植、管理等作业只需要3个工人，年产30万盆花，产值达180万美元。

2. 世界设施园艺的发展趋势

现在世界各国的设施园艺均发展很快，发达国家设施园艺生产在实现自动化的基础上正向着完全智能化、无人化的方向发展。根据调查研究资料及有关专家的分析，未来世界设施产业有以下几方面的发展趋势。

（1）温室大型化　目前世界园艺发达国家，每栋温室的面积基本上都在0.5hm^2以上。连栋温室得到普遍推广，温室高度在4.5m以上。温室空间增大后，便于进行立体栽培和机械化作业。温室建筑面积增大，有利于节省建筑材料、降低成本、提高采光率和提高栽培效益。

（2）覆盖材料多样化　北欧国家使用玻璃较多，法国等南欧国家多用塑料，日本应用聚氯乙烯膜较多，美国多用聚乙烯膜双层覆盖。覆盖材料的保温、透光、遮阳、光谱选择性能渐趋完善。除常用材料外，现已开发了多种覆盖材料，如聚碳酸酯塑料板（波浪板）、聚碳酸酯中空板（PC板）等，以及各种类型的长寿膜、转光膜、无滴膜等多功能膜和遮阳网等。

（3）无土栽培发展迅速　目前，世界上已有100多个国家将无土栽培技术用于温室生产。在发达国家的设施园艺中，无土栽培占温室面积的比例较高，如荷兰超过70%，加拿大超过50%，比利时达50%，美、日、英、法等国的无土栽培面积分别达到250～400hm^2。

（4）发展温室生物防治技术　发达国家重视在温室内减少农药使用量，大力发展生物防治技术。如荷兰的生物防治率已达到95%以上。对人体和环境有害的农药绝对禁用，对化肥施用、营养液循环处理等均有严格的标准和规范。

（5）广泛建立和应用喷灌、滴灌节水系统　以往发达国家灌溉是以土壤含水量或水位为依据进行喷灌管理，现在世界上正在研究以作物需水信息为依据的自动化灌溉系统。例如，以色列温室滴灌用水的最高水利用率为95%。

（6）向完全自动化和机械化发展　在现有设施环境自动化控制和机械化作业基础上，进一步完善环境调控水平和机械操作管理水平。

三、我国设施园艺的发展现状和发展对策

1. 我国设施园艺发展现状

目前我国的设施园艺开始进入了稳定发展时期，已由单纯重视数量、单产，转变为重视质量和效益，同时注重市场信息和科学生产。

（1）我国设施园艺发展成效

① 设施园艺规模逐年扩大，栽培面积居世界第一　据农业部公布的资料，1978～2008年的30年间，全国设施园艺面积由8万亩增至5249.9万亩，增长655倍。目前我国有大型园艺设施3290万亩，占世界园艺设施面积的90%以上，是世界上最大的设施园艺生产区域。

② 实现了园艺产品周年供应，提高了人民生活水平　20世纪80年代，随着塑料棚的迅猛发展，实现了早春和晚秋蔬菜供应的基本好转；90年代，随着节能日光温室和遮阳网覆盖栽培的迅速推广，形成了周年系列化设施生产体系，破解了冬春和夏秋淡季生产和供应的难题，基本保障了蔬菜周年均衡供应。设施果树和设施花卉虽然规模相对较小，但品种丰富多彩，起到了改善市场供应、提高人民生活水平的积极作用。

③ 推进了科技创新，设施园艺总体水平提高　日光温室蔬菜高效节能栽培技术的研发，创新了日光温室采光、保温设计原理，使我国的温室节能技术跃居世界领先地位。塑料棚蔬菜生产配套技术的集成创新，推广了一系列新品种、新技术，极大地提高了设施园艺的生产水平。新型设施园艺资材的研发，使我国的薄型耐候功能膜、遮阳网、防虫网、穴盘等研制与应用技术达到了国际先进水平。现代化温室的引进、消化和吸收，催生了我国温室制造业。上述创新成果的大面积推广应用，已成为我国设施园艺产业持续发展的重要支撑，全面提高了我国设施园艺的总体水平。

④ 提升了设施园艺产业地位，增加了农民收入　设施园艺是一项高投入、高产出的产业，生产效益比露地生产高3～5倍，投入产出比达到1∶4.45。2008年，全国设施园艺的产值为7079.75亿元，占园艺产业的51.31%，占种植业的25.25%，已成为农村区域经济发展的支柱产业。设施园艺产业的蓬勃发展，带动了塑料工业、建材工业、温室制造业、农资生产经营和物流业等相关行业的迅猛发展。设施园艺提高了土地的利用率和产出率，安置了农闲期间的闲散劳动力，增加了农民收入。据测算，全国设施园艺产业可以直接解决2600多万人就业，并可带动相关产业发展创造1500多万个就业岗位，为缓解城乡就业压力做出了重要贡献。目前，设施园艺已成为广大农民增收致富的主要途径，也是各地农业产业结构调整的首选发展项目之一。

(2) 我国设施园艺的特色

① 节能减排，经济实用 我国独创的日光温室高效节能栽培，能在 $-20\sim-10℃$ 的严寒条件下不加温生产喜温蔬菜，在冬春日照百分率≥50%的地区迅速推广应用。无论与传统加温温室比较，还是与现代化大型温室比较，高效节能日光温室在节能减排方面均达到世界领先水平。我国大部分园艺设施，以竹木、钢筋、砖石和土为主要建材，取材方便，造价低廉，经济实用，适合我国"低投入、低消耗"的技术路线。

② 种植作物以蔬菜为主，因地制宜安排茬口 2008年，全国设施园艺面积为5249.9万亩，其中设施蔬菜5020万亩，占95.62%；设施果树133.84万亩，占2.55%；设施花卉96.06万亩，占1.83%。在茬口安排上，以节能为核心，根据设施结构安排栽培茬次。北方节能日光温室的采光保温性能优越，能够保证喜温果菜安全越冬生产，多采取长季节栽培，一年一茬。普通日光温室的光温性能不能满足喜温果菜冬季安全生产要求，多采取早春和秋冬两茬栽培。塑料大中棚除在华南和江南的部分地区通过集成内保温多层覆盖进行喜温果菜长季节栽培外，其他多推行春提前和秋延后两茬栽培。

③ 开发利用非耕地 利用温室大棚和无土栽培设施，在盐碱、砂石地、荒滩等不适合耕作的土地发展设施园艺生产，是我国设施园艺又一特色。目前，甘肃、宁夏、河南、新疆等地利用非耕地发展无土栽培设施园艺约3万公顷，取得了较好的经济效益。

(3) 我国设施园艺发展中存在的问题 和过去比较，我国的设施园艺事业正处在兴旺发达时期，但也必须看到其中存在的问题及与世界发达国家的差距，主要表现在以下几方面。

① 缺乏规划引导，生产的随意性大 我国的设施园艺总体规模大，但由于缺乏统筹规划引导，发展方向不明确，致使各地发展设施园艺随意性大，设施功能和市场定位不准，设施类型、栽培作物、季节茬口雷同，区域比较优势得不到充分发挥。

② 设施设备水平低，生产安全隐患大 我国的园艺设施面积虽居世界第一位，但是以简易类型为主，覆盖材料性能与国外同类产品相比差距很大，设施环境可控程度与水平低，抗御自然灾害能力差。部分设施由农民自行设计建造，规划设计不够合理，正常年份尚可维持使用，遇灾害性天气和年份生产没有保障，生产安全隐患较大。

③ 与发达国家相比较，技术水平有待提升 无论设施本身还是栽培管理，多以传统经验为主，缺乏量化指标和成套技术，加之设施专用品种匮乏，专业化育苗率低，新技术推广到位率不高等原因，这些都制约着我国设施园艺的发展。与发达

国家相比差距较大，尤其表现在作物的产量水平，例如我国的温室黄瓜、番茄的大面积平均单产只有 $10\sim30\text{kg/m}^2$，而荷兰的温室蔬菜产量为黄瓜 $60\sim100\text{kg/m}^2$、番茄 $50\sim70\text{kg/m}^2$。

④ 经营管理方式有待提高，劳动生产效率低 以家庭经营为主体的设施园艺产业，生产单元小，规模效益差，劳动生产率低，只相当于日本的 1/5、西欧的 1/50、美国的 1/300。不确定的品种、数量和质量，无法与销售区建立相对固定的供货渠道，因而也无法占有相对稳定的市场份额，更难以与国际市场接轨。面对千家万户，生产管理、技术推广、质量监管难度较大，严重制约着设施园艺产业竞争力的提高。

⑤ 产品的质量需要提高 由于设施结构简单，环境调控能力差，造成设施连作障碍严重，病虫害大量发生，影响园艺产品的内在质量和外在质量。而如为了追求产量，超量施入化肥，更会造成对园艺产品的污染和对设施土壤结构的破坏。

2. 我国设施园艺的发展对策

必须充分认识到我国设施园艺发展中的优势和不足，加大科研力度，借鉴国外的先进技术和管理方法，扬长避短，继续走适合我国国情的现代设施园艺发展道路。

(1) 加强规划引导 要把节能日光温室和塑料大棚作为我国的主要园艺设施类型，根据全国农业气候资源分布特点，按照各地的目标市场、交通运输状况、经济社会发展程度和发展设施园艺生产在全国园艺产品周年均衡供应中的地位和作用，研究制定全国节能日光温室和塑料大棚区划和设施园艺产业重点区域发展规划。北方重点研究节能日光温室的规划布局，冬春日照百分率≥50%、最低气温不低于 -20℃的地区，以喜温园艺作物反季节栽培为主，其中黄土高原、青藏高原以反季节优质瓜果生产为主；冬春日照百分率≥50%、最低气温低于 -20℃的地区，以发展果菜类提前、延后和夏栽长季节栽培为主；长江流域以发展大棚防寒、保温、遮阳、避雨栽培为主；华南地区以扩大昼夜温差为主要目的，发展冬季塑料大棚优质瓜果生产为主，配合简易遮阳避雨栽培。目前，农业部种植业管理司已经着手制定《全国设施蔬菜产业发展规划》，各地也要按照发挥比较优势，突出地方特色，因地制宜制定本地区的设施园艺发展规划，明确主要设施类型、主导品种、主攻方向和发展目标。整合资金、技术、人才等资源，形成合力，推进设施园艺优势产业带建设。

(2) 加快园艺设施技术开发，提高设施生产的安全性 加强园艺设施设计、建造及骨架材料和覆盖材料的研究工作，制定和发布实施园艺设施建造标准规程；按照构架坚固、性能优越、造价合理的要求和最新发布棚室国家（行业）标准进行棚室的设计建造；鼓励生产者发展优型棚室，抑制低劣棚室的增加，促进按照安全使用限期进行棚室维修更新，最大限度地消除设施园艺安全生产隐患；同时注重温室配套设备（如小型耕作机械、环境调控设备）的开发与研制；加强科技攻关，设计开发出适合我国国情的低能耗现代化连栋温室。

（3）新品种培育与无公害栽培技术的推广应用　加强园艺植物的品种选育和配套栽培技术的研究工作，开发出抗逆性强、抗病虫害、高产优质的园艺植物新品种；推广测土施肥、合理轮作、生物除盐、高温消毒、嫁接换根、膜下滴灌等无公害生产技术，提高园艺产品质量。

（4）提高组织化程度，推进设施园艺的产业化进程　要积极引导扶持组建合作社或专业协会或股份合作制经济组织，实现有组织、有计划地面向市场、发展生产、进入流通。逐步建立起包括设备与设施环境工程、种子工程、采后处理工程、蔬菜工厂化种植工程等在内的产供销一体化系统。为整体系统顺利运转，还需要建立社会服务体系、人才培训体系、信息收集与分析体系等，形成集人才、技术、资金、管理等各方面优势的强大的产业集团。

（5）设施园艺相关人才的培养，加强园艺技术推广服务　我国设施园艺与世界发达国家之间的差距，还体现在人才的差距方面。所以应重视人才工程，大力培养专门人才，提高管理者和生产者的素质，才能尽快赶超世界先进水平。同时，要加强技术推广服务，加强农技推广体系建设，加大对农技推广的投入保障力度，设立专项经费，支持农技人员深入一线开展设施园艺作物生产的技术集成创新、展示示范、进村入户指导培训等推广活动，并加强对农技人员推广工作业绩的考核监督，使农技推广队伍能为当地发展设施园艺产业提供强有力的科技支撑。

技能训练　初识园艺设施

目的要求　通过实地调查和查阅资料，能准确识别常见园艺设施，并了解其结构、性能及应用情况，掌握当地主要园艺设施的类型和应用情况。

材料用具　校内外实训基地；设施生产园区；图书资料室。

训练内容

（1）布置任务　调查实训基地或某一设施生产园区的设施类型、结构和功用，并通过查阅资料，总结当地设施园艺生产概况。

（2）实施步骤

① 在教师带领下，参观考察校内实训基地和当地比较有代表性的设施生产园区，初步了解常见园艺设施的结构、性能和应用情况，并填写下表。

园艺设施

××园区设施类型和应用情况调查表

设施名称	结　　构	面积和数量	应用时间	种植作物
例:风障畦	风障、披风、土背、栽培畦	20m²×5	冬季和早春	韭菜、菠菜

② 绘制常见园艺设施的结构简图。

③ 查阅相关资料,撰写当地设施园艺生产概况的调查报告。

课后作业　总结各种设施类型性能和应用情况的差异。

考核标准

(1) 认真参观考察,勤学好问;(10分)

(2) 调查表填写完整、详实;(30分)

(3) 设施简述简图绘制规范,数据真实;(30分)

(4) 调查报告材料充分,撰写认真;(20分)

(5) 按时完成作业,且答案正确。(10分)

资料卡　世界主要国家生产用温室类型

国家	主要温室类型	骨架材料	覆盖材料	能源	栽培方式	控制系统
荷兰	大型连栋	铝合金屋顶、电镀钢管骨架	玻璃并加可移动保温幕	天然气	基质、循环营养液滴灌	计算机模拟、控制
日本	小型单栋	热镀锌钢管骨架	塑料膜并加双层保温幕	石油	基质、水培、水气培、营养液膜栽培	自动控制
美国	大型连栋	镀锌钢管骨架、铝合金屋顶	玻璃、双层充气塑料膜、聚碳酸酯塑料板	石油	基质	智能化
以色列	小型单栋	钢管骨架	聚乙烯和聚碳酸酯塑料膜	太阳能	基质	智能化
中国	塑料拱棚日光温室	竹木骨架钢管骨架	塑料薄膜	日光燃煤	土壤栽培为主,少数为无土栽培	人工加部分机械化

本 章 小 结

　　设施栽培是指在不适宜园艺植物生长发育的寒冷或炎热季节,利用专门的保温防寒或降温防雨设施、设备,人为地创造适宜园艺植物生长发育的小气候条件进行生产。这些专门的设施设备即园艺设施。园艺设施的主要类型包括风障畦、阳畦、育苗温床、地膜覆盖、遮阳网、防虫网覆盖、塑料大棚、中棚、小拱棚、防雨棚及日光温室、现代化温室等。园艺设施的主要作用是进行园艺植物的反季节育苗和栽培,目的是获得较高的经济效益。与露地栽培相比较,设施栽培在生产投入、生产方式、技术水平和生产规模上都有较高的要求,使用时应加以注意。近三十年来,我国的设施栽培有了长足的发展,但还存在着一些问题,需要积极学习和借鉴发达国家的先进技术和发展趋势,扬长避短,全面提高我国设施园艺的整体水平。

复习思考题

1. 解释设施园艺和园艺设施。
2. 园艺设施主要有哪几种类型?
3. 园艺设施的主要作用是什么?
4. 设施栽培有哪些特点?
5. 我国的设施园艺发展至今,取得了哪些成效?还存在哪些不足?
6. 我国设施园艺的发展对策是什么?
7. 世界设施园艺的发展现状和发展趋势如何?

园/艺/设/施

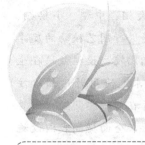

第二章
简易设施

目的要求 了解近地面覆盖设施和越夏栽培设施的主要类型和结构；掌握风障畦、阳畦以及各种温床的设计建造方法及地膜、遮阳网、防雨棚和防虫网覆盖的方式和性能。

知识要点 风障畦和阳畦的结构及性能；电热温床的结构及设置；地膜覆盖的方式方法及效应；遮阳网、防雨棚、防虫网的覆盖方式及性能。

技能要点 电热温床的设置；地膜覆盖的方法；遮阳网、防虫网的覆盖方法。

简易园艺设施包括近地面覆盖设施和越夏栽培设施。近地面覆盖设施主要有风障畦、阳畦、育苗温床、地膜覆盖、浮面覆盖等设施类型。这些园艺设施虽然多是较原始的保护栽培设施类型，但由于具有取材容易、覆盖简单、价格低廉、效益相对较显著等优点，目前仍在许多地区应用。

越夏栽培设施主要有遮阳网、遮雨棚及防虫网覆盖，主要在不利于园艺植物生长的高温多雨季节进行育苗和生产。在我国南方应用面积较大。

第一节 近地面覆盖设施

一、风障畦

1. 风障畦的结构性能

（1）风障畦的结构　风障是设置在菜田栽培畦北面的防风屏障物，由篱笆、披风及土背三部分组成，如图2-1所示。其用于阻挡季候风、提高栽培畦内的温度。由于设置的不同，可分为小风障和大风障两种。

小风障结构简单，只在菜畦北面竖立高1m左右的芦苇，或用竹竿夹稻草等作成风障。其防风效果较小，在春季每排风障只能保护相当于风障高度2～3倍的菜畦面积。

大风障又有完全风障和简易风障两种。完全风障是由篱笆、披风、土背三部分组成，高为1.5～2.5m，并夹附高1.0～1.5m的披风，披风较厚。简易风障（或称迎风障）则只设置一排篱笆，高度1.5～2.0m，密度也稀，前后可以透视。

风障多用芦苇、高粱秸或竹竿夹设篱笆。用稻草、山茅草、苇席、旧草苫等作披风。近年来有用废旧薄膜和草作披风，做成薄膜风障，应用效果较好。

（2）风障畦的性能 风障能够减弱风速，稳定畦面气流，利用太阳光热提高畦内的气温和地温，在风障前形成背风向阳的小气候条件。因而可以使越冬蔬菜春季提早发芽，提早采收，也可使越冬果树苗免遭冻害。其防风保温的有效范围约为风障高度的 8~12 倍，最有效范围是 1.5~2 倍。风障的主要性能如下所述。

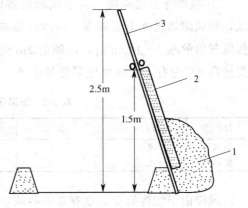

图 2-1 风障畦基本结构示意
1—土背；2—披风；3—篱笆

① 防风 风障减弱风速、稳定气流的作用较明显。风障一般可减弱风速 10%~50%。风速越大，防风效果越好。从表 2-1 可以看出，在每排风障相距 5~6m 的情况下，风障排数越多，风速越小，距离风障越远，风速越大，充分显示了风障的防风作用，这也说明，风障的设置以多排的风障群为好。

表 2-1 各排风障障前不同位置风速比较 单位：m/s

排 数	距 风 障 的 距 离					障 外
	1m	2m	3m	4m	5m	
第一排障	0.61	0.91	1.18	1.30	1.67	3.83
第二排障	0.30	0.64	1.00	0.84	0.40	
第三排障	0.00	0.13	0.43	0.38	0.20	
第四排障	0.00	0.00	0.07	0.23	0.00	

② 增温 风障能提高气温和地温。在 1~2 月份严寒季节，当露地地表温度为 −17℃ 时，风障畦内地表温度为 −11℃。风障增温效果以有风晴天最显著，阴天不显著；距风障越近温度越高；但随着距离地面高度的增加，障内外温度差异减小，50cm 以上的高度已无明显差异。风障前的温度来源于阳光辐射及障面反射。因此辐射强度越大，气温与地温越高，又由于障前局部气流稳定，并有防止水蒸气扩散的作用，因此可减少地面辐射热的损失。白天障前的气温与地温比露地要高。夜间，土壤向外散热，障前冷空气下沉，形成垂直对流，使大量的辐射热损失，温度下降，但障内近地面的温度及地温仍比露地略高。

③ 增加光照 风障能够将照射到其表面上的部分太阳光反射到风障畦内，增强栽培畦内的光照，一般晴天畦内的光照量可比露地增加 10%~30%，如果在风障的南侧缝贴一层反光幕，可较普通风障畦增加光照 1.3%~17.36%，并且提高温度 0.1~2.4℃。

④ 减少冻土层深度　由于风障的防风、增温作用，障前冻土层的深度比露地浅，距风障越远冻土层越深。风障后的冻土层，由于遮荫，而比露地深。入春后当露地开始解冻 7～12cm 时，风障前 3m 内已完全解冻，比露地约提早 20d，畦温比露地高 6℃ 左右，因而可提早播种定植，提早收获。风障的综合效应见表 2-2。

表 2-2　防风区与露地区比较

位　置	风速/(m/s)	气温/℃	地表温度/℃	相对湿度/%	蒸发量/g
防风区	2.4	27.1	31.4	75	69.8
露地区	6.4	22.5	19.4	77.9	72.6

风障由于结构简单，也存在一些缺点，如白天虽能增温，并达到适温要求，但夜间由于没有保温设施，而经常处于冻结状态。因此生产的局限性很大，季节性很强，效益较低。由于风障的热源是阳光，因此在阴天多、日照率低的地区不适用。在高寒及高纬度地区应用时效果不明显。另外在南风多，或乱流风的地区也会影响使用效果。

2. 风障的设置及应用

(1) 方位和角度　风障的设置在与当地的季候风方向垂直时防风的效果最好。除考虑风向外，也应注意障前的光照情况，要避免遮荫。北方地区冬春季以西北风为多，故风障方向以东西延长，正南北或偏向东南 5° 为好。风障夹设与地面的角度，冬春季以保持 70°～75° 为好，冬季角度小，可增强受光、保温。入夏后为防止遮荫以垂直为好。简易风障多采用垂直设立。

(2) 风障的距离　应根据生产季节、栽培方式、风障的类型和材料的多少而定。一般完全风障主要在冬春季使用，每排风障的距离为 5～7m，或相当于风障高度的 3.5～4.5 倍，保护 3～4 个栽培畦。简易风障主要用于春季及初夏，每排距离为 8～14m，最大距离有 15～25m。小风障的距离为 1.5～3.3m。大、小风障可配合使用。

(3) 风障的长度和排数　长排风障比短排的防风效果好，可减少风障两头风的回流影响，一般要求风障长度不小于 10m。在风障材料少时，夹多排风障不如减少排数延长风障长度。夹设长排风障时，单排风障不如多排的防风、保温效果好。

(4) 风障在生产中的应用

① 完全风障　秋冬季用于耐寒蔬菜越冬栽培。如菠菜、韭菜、青蒜、小葱的风障根茬栽培；与薄膜覆盖结合进行根茬菜早熟栽培。用于幼苗防寒越冬，如果树苗、小葱、葱头等；早春提早播种叶菜类及定植果菜类。如图 2-2 所示。

② 简易风障　春小菜提早播种，如小萝卜、小白菜、油菜、茴香等；提早定植春、夏季叶菜及果菜类，并可与地膜覆盖结合进行早熟栽培。

第二章 简易设施

图 2-2　风障保护下的越冬蔬菜

③ 小风障　主要用于瓜、豆类早春直播或定植，或采用大小风障配合使用。

二、阳畦

阳畦又称冷床，是利用太阳光热保持畦温，性能优于风障畦。晴天时，当露地最低气温在－20℃以上，阳畦内的温度可比露地高 12～20℃。可保护耐寒性蔬菜幼苗越冬。在阳畦基础上提高土框，加大玻璃窗角度，保温效果加强，成为改良阳畦（立壕、小暖窖），其性能又优于阳畦。

1. 阳畦的结构和性能

（1）畦的结构　阳畦是由风障、畦框、玻璃（薄膜）窗、覆盖物等组成。

① 风障　其结构与完全风障基本相同，可分为直立风障和倾斜风障两种。

② 畦框　用土或砖做成。分为南北框及东西两侧框。其尺寸规格依阳畦类型而定。

a. 抢阳畦　北框比南框高而薄，上下呈楔形，四框做成后向南成坡面，故名抢阳畦。北框高 35～60cm，底宽 30cm 左右，顶宽 15～20cm；南框高 20～40cm，宽 30～35cm，东西两侧框宽 30cm 左右。畦面宽 1.66m，畦长 6～7m，或做成加倍长度的联畦。如图 2-3(a) 所示。

b. 槽子畦　南北两框接近等高，框高而厚，四框做成后近似槽形，故名槽子畦。北框高 40～60cm，宽 35～40cm；南框高 40～55cm，宽 30～35cm，东西两侧框宽 30cm 左右。畦面宽 1.66m，畦长 6～7m，或做成加倍长度的联畦。如图 2-3(b) 所示。

③ 覆盖物

a. 玻璃窗　畦面可以加盖玻璃片或玻璃窗。玻璃窗的长度与畦宽相等；窗的宽度 60～100cm，每扇窗框镶 3 块或 6 块玻璃。用木材做成窗框。或用木条做支架覆盖散玻璃片。玻璃管理麻烦，易破碎，费用也较高，为早期阳畦的主要透明覆盖

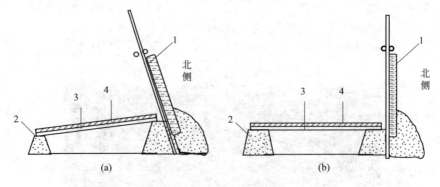

图 2-3 阳畦结构示意图
(a) 抢阳畦；(b) 槽子畦
1—风障；2—畦框；3—玻璃窗；4—草苫

物。因费用较高，现已很少使用。

b. 塑料薄膜　采用竹竿在畦面上做支架，而后覆盖塑料薄膜，称为"薄膜阳畦"。容易造型和覆盖，费用较低，并且畦内的栽培空间也比较大，有利于生产，为目前主要的透明覆盖材料。

c. 草苫　是阳畦的防寒保温设备，也可用纸被、无纺布等作为辅助保温覆盖物。

(2) 阳畦的性能　除具有风障的效应外，由于阳畦增加了土框和覆盖物，白天可以大量吸收太阳光热，夜间可以减少有效辐射的强度，保持畦内具有较高的温度。但由于阳畦设备的局限性和热源来自阳光，因而受季节、天气的影响很大，同时阳畦也存在很大的局部差异。

① 畦温随季节变化　阳畦的温度随着外界气温的升降而改变。当外界气温在 $-15 \sim -10$℃时，畦内地表温度可比露地高 $13.0 \sim 15.5$℃。畦温的高低与防寒覆盖的条件有很大关系。北京地区，冬季严寒期畦内平均地表最高温度可达 20℃ 左右，最低温度为 $0 \sim 3$℃。由于保温条件差，阳畦可能出现 $-8 \sim -4$℃ 的低温。春季气温升高，畦内温度可比露地高 $10 \sim 20$℃，也就是说，阳畦内可能产生低温霜冻和高温危害的条件，必须加以防止。

② 畦温受天气影响　天气晴阴雨雪的变化，直接影响畦内温度的高低。晴天畦温较高，在连续阴雪天，畦内得不到热量补充，则使畦温降到零下几度。在畦温过低时，应加强防寒保温，如覆盖双层席、加盖玻璃或薄膜等。

③ 畦内昼夜温差、湿差较大　白天由于太阳辐射，使畦内温度迅速升高，夜间不断从畦内放出长波辐射，从而迅速降温，一般畦内昼夜温差可达 $10 \sim 20$℃，随着温度变化，畦内湿度的变化也较大，一般白天最低空气相对湿度为 30%～40%，而夜间为 80%～100%。

④ 局部温差　畦内各部位接受阳光热量的不同，造成畦内的局部温差。由表 2-3 可知，阳畦的北框和中部温度较高，南框及东西两侧温度较低。距南框 20～30cm 处温度最低，外界气温低时，容易造成霜冻和土壤表层结冻。阳畦的局部温差对冬春季的育苗造成了生长不齐，全畦幼苗的长相南北向呈坡状、东西向呈抛物状高低不一。因此在栽培管理时应注意解决。

表 2-3　阳畦畦面不同部位的温度分布

距离北框/cm	0	20	40	80	100	120	140	150
地表温度/℃	18.6	19.4	19.7	18.6	18.2	14.5	13.0	12.0

2. 阳畦的设置和应用

（1）阳畦的设置　建造阳畦首先要选择附近无遮荫障碍的向阳地。北面可以有自然屏障，以利防风。距离栽培田要近，以便运苗。如果菜田面积较大，则应分开几处建畦，但灌水要方便。

阳畦群自北向南成行排列，前排的阳畦风障与后排的阳畦风障间隔 6～7m，避免前排风障对后排阳畦遮荫。风障占地宽约 1m，阳畦占地约 2m，畦前留空地 1m 左右作为冬季晾晒草苫用地。阳畦群的四周要夹好防风用的围障。阳畦的方向以东西延长为好。畦数少时应做成长排畦，不宜单畦排列，以免受回流风的影响。

（2）阳畦的应用　主要用于蔬菜、花卉等作物育苗，还可用于蔬菜的秋延后、春提早及假植栽培。在华北及山东、河南、江苏等一些较温暖的地区还可用于耐寒叶菜（如芹菜、韭菜）的越冬栽培。

3. 改良阳畦

改良阳畦又名小洞子、小暖窖、立壕子，是在阳畦的基础上加以改良而成。主要把阳畦框增高，改为土墙，玻璃窗斜立，成为屋面，增加了棚顶及柁、檩、柱等棚架，因而加大了空间，扩大了栽培面积，提高了防寒保温的效果，如图 2-4 所示。

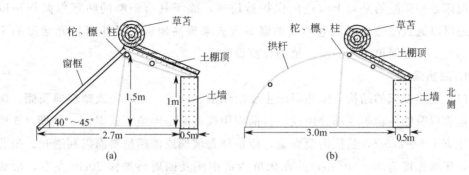

图 2-4　改良阳畦的基本结构
(a) 玻璃改良阳畦；(b) 薄膜改良阳畦

(1) 改良阳畦的结构

① 土墙 包括后墙、山墙，后墙高 0.9~1.0m，厚 40~50cm，山墙脊高与改良阳畦的中柱相同。

② 棚架和土棚顶（柱、檩、柁） 改良阳畦的中柱高 1.5m，土棚顶宽 1.0~1.2m。每长 3~4m 为一间，立柱、加柁，铺两根檩（檐檩、二檩），檩上放秫秸，抹泥。

③ 覆盖物

a. 玻璃窗或薄膜 玻璃窗长 2.0m，宽 0.6~1.0m，每扇窗子镶 3 块或 6 块玻璃（与阳畦窗框相同），斜立于棚顶的前檐下，与地面约呈 40°~45°角。近年来，利用塑料薄膜代替玻璃覆盖阳畦，可建造成多种类型的薄膜改良阳畦。

b. 草苫 前屋面夜间盖蒲席或草苫。

(2) 改良阳畦的性能 与阳畦的性能基本相同。但由于玻璃窗覆盖成一面坡形的斜立窗，角度加大，光照反射率为 13.5%（阳畦为 56.12%），光的透过率较高，又有土墙、土棚顶及蒲席覆盖，因此改良阳畦的防寒保温性能比阳畦为好。另外，由于空间加大，栽培管理方便。

(3) 改良阳畦的设置及应用 阳畦的设置原则基本上适用于改良阳畦。改良阳畦的排距可以适当缩小，但最小的距离不应小于棚顶高度的 2~2.5 倍，以避免前排对后排遮荫。后棚顶不宜太宽，其宽度不应大于高度（例如顶高 1m，则宽度在 1m 以内），否则加大畦内遮荫，影响后墙部位的植株生长。玻璃窗的角度不应大于 50°，角度加大，光的反射率增多，则透光率减少，栽培面积也相对减少。

改良阳畦的性能优于普通阳畦，主要用于耐寒蔬菜的越冬生产，还可用于秋延后、春提早栽培喜温果菜，也可用于蔬菜、花卉以及部分果树的育苗。

三、温床

温床是在阳畦的基础上改进的保护地设施，除了具有阳畦的防寒保温作用以外，还可以通过酿热加温及电热线加温等方式来提高地温，以补充日光增温的不足，因此是一种简单实用的园艺植物育苗设施。

1. 酿热温床

(1) 酿热温床的结构 酿热温床主要由床框、床坑、玻璃窗或塑料薄膜棚、保温覆盖物以及酿热物等 5 部分组成。目前应用较多的是半地下式温床，如图 2-5 所示。床宽 1.5~2.0m，长依需要而定，床顶加盖玻璃或薄膜呈斜面以利透光。坐北朝南。床坑深度为 30~40cm，并在床坑内部南侧及四周再加深 20cm 左右，形成中间高，四周低的馒头形，使酿热物在铺好搂平后，其中部的酿热层低于南侧及四周，使受南侧床遮荫及四周受外界冻层影响而造成床内土温不匀的问题得到调节。

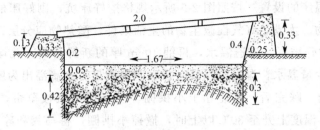

图 2-5　半地下式酿热温床示意（单位：m）

（2）酿热物的种类及发热原理　酿热温床是利用微生物分解有机物质时所产生的热量来进行加温的，这种被分解的有机物质称为酿热物。酿热物的酿热原理如下：

$$碳水化合物 + 氧气 \xrightarrow{微生物} 二氧化碳 + 水 + 热量 \uparrow$$

通常酿热物中含有多种细菌、真菌、放线菌等微生物，其中能使有机物质分解发热的是好气性细菌。酿热物发热的快慢、温度高低和持续时间的长短，主要取决于好气性细菌的繁殖活动情况。好气性细菌繁殖得越快，酿热物发热越快，温度越高，持续时间越短，反之，则相反。而好气性细菌繁殖活动的快慢又和酿热物中的碳、氮、氧气及水分含量有关，因此碳、氮、氧气及水分就成了影响酿热温床发热的重要因素。一般当酿热物中的碳氮比（C/N）为（20~30）∶1，含水量70%左右，并且通气适度和温度在10℃以上时微生物繁殖活动较旺盛，发热迅速而持久；若C/N大于30∶1，含水量过多或过少，通气不足或基础温度偏低时，则发热温度低，但持续时间长；若C/N小于20∶1，通气偏多，则酿热物发热温度高，持续时间短。根据酿热原理，可通过调节C/N、含水量及通气量（松紧）来调节发热的温度高低和持续时间。

由于不同物质的C/N、含水量及通气性不同，可将酿热物分为高热酿热物（如新鲜马粪、新鲜厩肥、各种饼肥等）和低热酿热物（如牛粪、稻草、麦秸、枯草等）两类。各种酿热物的碳氮比见表2-4。为使酿热层发热正常而持久，生产上一般以3份新鲜马粪和1份稻草混合（均按重量计）较为理想。

表 2-4　各种酿热物的碳氮含量及碳氮比

种类	C/%	N/%	C/N	种类	C/%	N/%	C/N
稻草	42.0	0.60	70.0	米糠	37.0	1.70	21.8
大麦秆	47.0	0.60	78.3	纺织屑	59.2	2.32	25.5
小麦秆	46.5	0.65	71.5	大豆饼	50.0	9.00	5.6
玉米秆	43.3	1.67	25.9	棉籽饼	16.0	5.00	3.2
新鲜厩肥	75.6	2.80	27.0	牛粪	18.0	0.84	21.4
速成堆肥	56.0	2.60	21.5	马粪	22.3	1.15	19.4
松落叶	42.0	1.42	29.6	猪粪	34.3	2.12	16.2
栎落叶	49.0	2.00	24.5	羊粪	28.9	2.34	12.4

(3) 酿热温床的设置　按照图2-5所示规格挖好床坑，砌好床框后，即可向床坑内填入酿热物。为满足好气性微生物的生活条件，酿热物应分层踏入。先在床底铺3~4cm厚的碎稻草，浇透温水，再铺10cm厚的新鲜马粪，并均匀踩实。如马粪过干，可喷少量温水，湿度以踩踏时鞋底四周微见有水滴溢出为度。如此铺3层稻草、3层马粪。踩完后，迅速扣上小拱棚，晚上覆以纸被草帘，注意提温和保温。4~5d后，温度上升至30℃以上时，撤掉小拱棚，将马粪和碎稻草踩至10cm左右，上铺12cm厚的床土，然后再扣上小拱棚备用。如1周后无高温，可能是由于水分过大或踏踩太实。如酿热物呈冻结状态，则应点燃柴草，融化冰块，使酿热物全部化冻，待温度升高后再进行踩床，否则温度过低影响微生物活动及床温的提高。

(4) 酿热温床的性能及应用　酿热温床是在阳畦的基础上进行了人工酿热加温，因此，明显改善了温度条件。踩踏好的酿热温床，可使床温升高到25~30℃，维持2~3个月之久。经过发酵的酿热物取出过筛后，还是做床土的良好配料。

由于酿热加温受酿热物及方法的限制，热效应较低，而且加温期间无法调控。床内温度明显受外界温度的影响，床土厚薄及含水量也影响床温。床内存在局部温差，即温度北高南低，中部高周围低，可通过调整填充酿热物的厚度来调节。此外，酿热物发热时间有限，前期温度高而后期温度逐渐降低，因此秋冬季不适用。

酿热温床主要用在早春果菜类蔬菜育苗，也可用作花卉扦插或播种，或秋冬季草花和盆花的越冬。也有在日光温室冬季育苗中为提高地温而应用。

2. 电热温床

电热温床是指育苗时将电热线布设在苗床床土下8~10cm处，对床土进行加温的育苗设施。

(1) 电热温床的基本结构　完整的电热温床由育苗畦（栽培畦）、隔热层、散热层、床土及保温覆盖物等几部分组成。如图2-6所示。

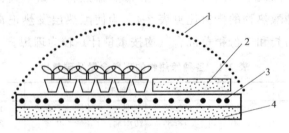

图2-6　电热温床结构示意
1—薄膜；2—床土；3—电热线；4—隔热层

(2) 电热加温设备

① 电热线　电热线由电热丝、引出线和接头三部分组成。电热丝为发热元件，

采用低电阻系数的合金材料，为防止折断，用多股电热丝合成。电热丝外面包有塑料绝缘层，厚度在 0.7~0.95mm，比普通导线厚 2~3 倍，具有良好的绝缘和导热作用。引出线为普通的铜芯电线，基本不发热。接头是用来连接电热丝和引出线的，用高频热压工艺连接，要防水、防漏电。为适应不同生产需要，电热线一般分为多种型号，每种型号都有相应的技术参数。表 2-5 中所列为国内各厂家电热线的主要型号及技术参数。

表 2-5　电热线主要型号及技术参数

加温类型	生产厂家	型号	功率/W	长度/m
土壤加热线	辽宁省营口市农业机械化研究所	DR208	800	100
	上海市农业机械化研究所	DV20406	400	60
		DV20410	400	100
		DV20608	600	80
		DV20810	800	100
		DV21012	1000	120
	浙江省鄞县大嵩地热线厂	DP22530	250	30
		DP20810	800	100
		DP21012	1000	120
空气加热线	上海市农业机械化研究所	KDV	1000	60
	浙江省鄞县大嵩地热线厂	F421022	1000	22

② 控温仪　为避免人工控制温度出现误差，可使用控温仪自动调节土壤温度。目前用于电热温床的控温仪多为农用控温仪，具体型号和参数见表 2-6。常用的有上海市农业机械化研究所生产的 WKQ-1 型控温仪，小巧轻便，每台负载 800W 电热线 3 根。将电热线和控温仪连接好后，将感温触头插入苗床中，当温度低于设定值时，继电器接通，进行加温；当苗床内温度高于或等于设定值时，继电器断开，停止加温。

表 2-6　控温仪的型号及参数

型号	控温范围/℃	负载电流/A	负载功率/kW	供电形式
BKW-5	10~50	5×2	2	单相
BKW	10~50	40×3	26	三相四线制
KWD	10~50	10	2	单相
WKQ-1	10~50	5×2	2	单相
WKQ-2	10~40	40×3	26	三相四线制
WK-1	0~50	5	1	单相
WK-2	0~50	5×2	2	单相
WK-10	0~50	15×3	10	三相四线制

③ 交流接触器 其主要作用是扩大控温仪的控温容量（图2-7）。当电热线的总功率小于2000W（电流10A以下）时，可不用交流接触器，而将电热线直接连接到控温仪上。当电热线总功率大于2000W（电流10A以上）时，应将电热线连接到交流接触器上，由交流接触器与控温仪相连接。

④ 电源 主要使用220V交流电源。当功率电压较大时，也可用380V电源，并选择与负载电压相同的交流接触器连接电热线。

(3) 电热温床相关参数计算

① 功率密度 单位苗床或栽培床面积上需要铺设电热线的功率称为功率密度。功率密度的

图2-7 交流接触器

确定应根据作物对温度的要求所设定的地温和应用季节的基础地温以及设施的保温能力而决定。一般早春喜温性果菜育苗功率密度为80~120W/m²。具体可参考表2-7。

表2-7 电热温床功率密度选定参考值　　　　　　　　　　　单位：W/m²

设定地温	基础地温			
	9~11℃	12~14℃	15~16℃	17~18℃
18~19℃	110	95	80	—
20~21℃	120	105	90	80
22~23℃	130	115	100	90
24~25℃	140	125	110	100

② 总功率 即铺设电热温床所使用电热线的功率总和。计算公式为：

$$总功率 = 苗床总面积 \times 功率密度 \tag{2-1}$$

每根电热线的额定功率是固定的，根据总功率就可计算出需要几根电热线，计算所得数值应取整数。

$$所需电热线(根) = 总功率/每根电热线的额定功率 \tag{2-2}$$

③ 计算布线间距 布线前应先根据公式计算电热线的布线行数和布线间距。

$$电热温床面积(1根电热线) = \frac{1根电热线的额定功率(W)}{功率密度(W/m^2)} \tag{2-3}$$

$$布线行数 = \frac{线长(m) - 苗床宽度(m)}{苗床长度(m)} \tag{2-4}$$

$$布线间距 = \frac{苗床宽度(m)}{布线行数 - 1} \tag{2-5}$$

例如用一根100m长，额定功率为800W的电热线铺设电热温床，选择功率密度为80W/m²，则

$$可铺设电热温床面积 = \frac{800\text{W}}{80\text{W/m}^2} = 10\text{m}^2$$

假设苗床长为5m，宽为2m，则

$$布线行数 = \frac{100-2}{5} \approx 20 \text{（行）}$$

注：布线行数最好为偶数，以便电热线的引线能在一侧，便于连接。

$$布线间距 = \frac{2}{20-1} = 0.105 \text{ （m）} = 10.5 \text{ （cm）}$$

(4) 电热温床使用注意事项

① 电热线只用于苗床上加温，可长期在土中使用，不允许整盘做通电试验用。

② 电热线的功率是额定的，严禁截短或加长使用。

③ 使用一根电热线时，可直接用220V电源，如使用两根或两根以上电热线则需用380V电压。多根电热线连接需并联，不可串联。

④ 为确保安全，在电热温床上作业时需切断电源，不能带电作业。

⑤ 从土中取出电热线时，严禁用力拉扯或铲刨，以防损坏绝缘层。

⑥ 不用的电热线要擦拭干净放到阴凉处，防止鼠虫咬坏。旧电热线使用时要做绝缘检查。

(5) 电热温床的性能　使用电热温床能够提高地温，并可使近地面温度提高3~4℃。由于地温适宜，幼苗根系发达，生长速度快，可缩短日历苗龄7~10d。与其他温床相比，电热温床结构简单，使用方便，省工、省力，一根电热线可使用多年。如与控温仪配合使用，还可实现温度的自动控制，避免地温过高造成的危害。缺点是较为费电。

(6) 电热温床的应用　电热温床主要用于冬春园艺植物育苗，以果菜类蔬菜常规育苗和嫁接育苗应用较多。也有少量用于塑料大棚黄瓜、番茄的早熟生产中的临时加温。

3. 架床

(1) 架床的结构及规格　架床是温室中边生产边育苗的一种专用设施。架设在温室中柱前的低秆作物上，东西延长，高度一般在0.6~1.2m。架床用粗壮的木料架设，宽1.2~1.5m，长度按需要而定。架床上平铺木板或竹席，上面摆放育苗盘或营养钵，也可覆旧塑料薄膜扎孔，以防存水沤根，上面铺床土。床面还可加小拱棚等覆盖物保温。如图2-8所示。也有人在培育嫁接苗时，用木板制作播种盘（箱），将接穗种子播于苗床后，悬挂于温室后坡下面，这样既可节省空间，又有利于培养接穗苗，如图2-9所示。

(2) 架床的性能　架床设置在温室中光、热最有利的空间，其床温不受地温影响，而直接随气温的升高而升高，因此可在冬季温室内较为经济地育出喜温蔬菜的壮苗。多层架床可节约空间及土地。

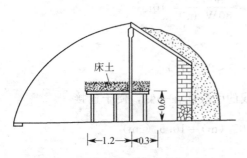

图 2-8 架床结构示意（单位：m）

图 2-9 悬挂在温室后坡下的播种床

四、地膜覆盖

地膜覆盖是塑料薄膜地面覆盖的简称。它是用很薄的（0.005～0.015mm）塑料薄膜紧贴在地面上进行覆盖的一种栽培方式，是农业生产中最简单有效的增产措施之一，在世界各国广泛应用。日本在20世纪50年代就曾大面积应用，欧美、前苏联在60年代大力推广，我国在70年代初利用废旧薄膜进行小面积覆盖试验，1978年正式从日本引入这项技术，在蔬菜、果树等农作物上普遍推广，增产效果可达20%～50%。

1. 地膜覆盖的方式

（1）平畦覆盖　在原栽培畦的表面覆盖一层地膜。平畦覆盖可以是临时性的覆盖，出苗后将薄膜揭去；也可以是全生育期的覆盖，直到栽培结束。平畦规格和普通露地生产用畦相同（畦宽1.00～1.65m），一般为单畦覆盖，也可联畦覆盖。平畦覆盖便于灌水，初期增温效果好，但后期由于随灌水带入泥土盖在薄膜上面，而影响阳光射入畦面，降低增温效果。如图2-10所示。

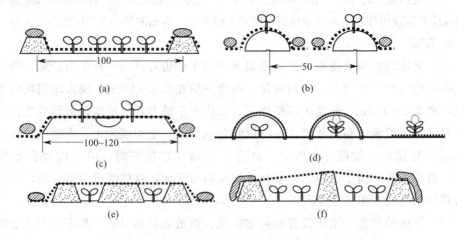

图 2-10 地膜覆盖方式（单位：cm）

(a) 平畦覆盖；(b) 高垄覆盖；(c) 高畦覆盖；(d) 支拱覆盖；(e) 沟畦覆盖（窄沟）；(f) 沟畦覆盖（宽沟）

(2) 高垄覆盖 在菜田整地施肥后，按 45～60cm 宽、10cm 高起垄，一垄或两垄覆盖一条地膜。高垄覆盖增温效果一般比平畦覆盖高 1～2℃。

(3) 高畦覆盖 在菜田整地施肥后，将其做成底宽 1.0～1.1m、高 10～12cm、畦面宽 65～70cm、灌水沟宽 30cm 以上的高畦，然后每畦上覆盖地膜。

(4) 沟畦覆盖 又称改良式高畦地膜覆盖，俗称"天膜"。即把栽培畦做成沟，在沟内栽苗，然后覆盖地膜。当幼苗长至将接触地膜时，把地膜割成十字孔将苗引出，使沟上地膜落到沟内地面上，故将此种覆盖方式称作"先盖天，后盖地"。采用沟畦覆盖既能提高地温，也能增高沟内空间的气温，使幼苗在沟内避霜、避风，所以这种方式兼具地膜与小拱棚的双重作用，可比普通高畦覆盖提早定植 5～10d，早熟 1 周左右，同时也便于向沟内直接追肥、灌水。

(5) 支拱覆盖 即先在畦面上播种或定植蔬菜，然后在蔬菜播种或定植处用 8 号铁丝或细竹竿支一高和宽各 30～50cm 的小拱架，将地膜盖在拱架上，形似一小拱棚。待蔬菜长高顶到膜上后，将地膜开口放苗出膜，同时撤掉支架，将地膜落回地面，重新铺好压紧。

2. 地膜覆盖的方法

(1) 覆膜时间 春季地温低，通常在蔬菜定植前 7～10d 将地膜覆盖好，以促地温回升，这种方法覆膜质量高，定植时打孔（开穴），穴内浇少量水，以防地温降低过多。秋冬、冬春茬温室生产，地温较高，可先定植后盖膜，以保证定植质量。

(2) 细致整地，施足底肥 定植前每亩撒施优质农家肥 2000kg，深耕 40cm，耙细整平。

(3) 造底墒 按照定植行距在定植行下开施肥沟，沟内施入有机肥，每亩用量为 3000kg。覆膜前 1 周内逐沟灌水，水渗下后，以施肥灌水沟为中心，起垄或做畦。

(4) 做畦 畦面要疏松平整，无大土块、杂草及残枝落叶，用小木板刮光。畦的高度与增温效果有关，高畦增温效果好，但易发生干旱。通常畦高 10～15cm 为宜。如采用明水沟灌时，应适当缩小畦面，加宽畦沟；如实行膜下软管滴灌时，可适当加宽畦面，加大畦高。

(5) 覆膜 露地覆膜应选无风天气，微风天气应从上风头开始放膜。放膜时，先在畦一端的外侧挖沟，将膜的起端埋住、踩紧，然后向畦的另一端展膜。边展膜、边拉紧、抻平、紧贴畦面，同时在畦肩的下部挖沟，把地膜的两边压入沟内。膜面上间隔压土，压住地膜，防止风害。地膜放到畦的另一端时，剪割断地膜，并在畦外挖沟将膜端埋住。定植后将苗孔四周用土压严，防止风吹揭开。

也可先定植后覆膜。定植缓苗后，用木板将畦面刮平刮光，在垄的北端用两个倒放的方木凳将地膜卷架起来，由两个人从垄的两侧把地膜同时拉向温室前底脚，并埋入垄南端土中，返回来在垄北端把地膜割断也埋入土中。最后在每株秧苗处开纵口，把秧苗引出膜外，并固定好地膜，用湿土封严定植口。采用这种先定植后盖地膜的方法，有利于提高定植质量和浇足定植水，还能避免定植处膜孔过大，影响地膜的增温保墒效果。如图 2-11 所示。

(a) (b)

图 2-11 地膜覆盖的方法
(a) 先覆地膜后定植；(b) 先定植后覆地膜

（6）后期破膜 正常情况下，地膜覆盖后直到拉秧。如生育后期遇高温或土壤干旱而无灌溉条件时，应揭开或划破地膜，以充分利用降雨，确保后期产量。

（7）清除残膜 连年地膜覆盖，残存的旧膜会造成严重污染，影响下茬作物的耕作和生长。因此，生产结束后，应尽量清除旧膜，运出田外，集中销毁。

3. 地膜覆盖的效应

（1）地膜覆盖的正效应

① 提高地温 由于透明地膜易透过短波辐射，而不易透过长波辐射，同时由于地膜的气密性可以减少土壤水分蒸发时的热损耗，因此，白天太阳光大量透过地膜而使膜下地温升高，并不断向下传导而使下层土壤增温。夜间土壤长波辐射不易透过地膜而比露地土壤放热少，所以，地温高于露地。地膜覆盖的增温效果受覆盖时期、覆盖形式、天气条件及地膜种类不同而异。

a. 覆盖时期 春季低温期，覆盖透明地膜可使 0~10cm 地温增高 2~6℃，有时可达 10℃以上。夏季覆盖，在植株遮荫的情况下土温可能低于露地，不会造成高温危害。

b. 覆盖形式 畦面增高，表面积加大，接受辐射热量增多，地温较高。试验表明：15cm 高垄覆盖比平畦覆盖的 5cm、10cm、20cm 深土壤分别增温 1.0℃、1.5℃、0.2℃；宽型高垄比窄型高垄土温高 1.6~2.6℃。

c. 天气 晴天的增温值明显大于阴天。

d. 地膜种类　无色膜比其他有色膜的增温效果好；厚度对保温性能影响不大，因为空气具有黏性，在薄膜的两面都会形成很薄的空气层（境界层），境界层的影响要大于薄膜对散热的影响，因此超薄地膜仍有很好的保温效果。

② 保墒防涝降湿　地膜覆盖可减少土壤水分蒸发，可较长时间保持土壤水分稳定。据观测，6～9月份地膜覆盖平均每亩日蒸发量为 $0.2m^3$，而不覆膜的高达 $1.83m^3$，3个月减少蒸发量 $145m^3$。但生长后期，由于植物生长旺盛，蒸腾量大，易干旱缺水，应及时补充水分。

雨季覆盖，由于地膜的阻碍，使雨水渗透较慢，且便于排水，在一定程度上有防涝作用。

温室大棚生产中，由于地膜覆盖减少了地面水分蒸发和浇水次数，使棚内空气湿度降低，大大减轻了病害的发生与传播。

③ 改善土壤的理化性状　由于地膜覆盖后能避免因土壤表面风吹、雨淋的冲击，减少了中耕、除草、施肥、浇水等人工和机械操作而造成的土壤板结现象，使土壤通透性良好，孔隙度增加，利于根系的生长。同时，地膜覆盖减少了土壤水分的蒸发量，从而也减少了随水分带到土壤表面的盐分，能防止土壤返盐。

④ 提高土壤肥力　由于地膜覆盖阻隔了降雨，减少了灌溉，减轻了土壤中养分的流失和淋溶。加之所具有的增温保墒和保持土壤通透性作用，因而有利于微生物的增殖，加速腐殖质的分解，使有机质转化成无机质，氨态氮硝化加快，有利于根系吸收。但生育后期和下茬应注意补肥。

⑤ 增加近地面光照　地膜本身具有反射光的作用，另外由于热气蒸腾的作用在膜下形成一层微细的水滴膜，反光增强，从而增加了近地面光照，有利于植株的光合作用。覆盖后，晴天的中午可使植株中下部叶片多得到 12%～14% 的反射光，露地只有 3%～4%，可提高 3～4 倍的光量。反射光增加的范围，一般从地表到 30cm 高处。上午 7：00～10：00 反射光最高，正是作物光合作用旺盛期，可增加光合强度，延缓下部叶片衰老，促进干物质积累，利于增产。

（2）地膜覆盖的负效应

① 高温期易造成地温过高　高温期覆盖，如无遮荫，地膜下温度可高达 50～60℃，土壤干旱时可达 60℃ 以上，明显超过作物根系的生长发育适温，易导致根系木栓化加快，吸收能力减弱，使植株早衰。

② 膜下易生杂草　地膜下有较好的温光条件，给杂草生长也带来优越条件。如覆膜不严，膜下易杂草丛生把地膜顶起，与作物争夺养分，人工除草费工费力。可通过提高覆膜质量来减轻杂草危害。

③ 白色污染　由于地膜较薄，使用后难以彻底清除，致使大量碎片残留在土壤中。农膜具有相对稳定性，不易降解，破坏了土壤的整体性和通透性，对菜田土

壤的物理性状有极显著的影响。另外薄膜中含有一些有毒物质，易析出进入土壤，使土壤受到污染。

4. 地膜的种类

(1) 无色透明地膜

① 普通地膜 用低密度聚乙烯（LDPE）生产的透明地膜，厚度为(0.014±0.002)mm。使用期一般在4个月以上。

② 微薄地膜 又可分为高密度聚乙烯（HDPE）、线性低密度聚乙烯（LLDPE）和共混（包括 HDPE 与 LLDPE 共混、HDPE 与 LDPE 共混、LDPE 与 LLDPE 共混）微薄地膜，厚度都是(0.008±0.002)mm。

a. HDPE 微薄地膜 半透明，纵向拉力强，横向拉力差，开口性好，但不柔软，耐老化性差，使用期80～90d。

b. LLDPE 微薄地膜 透明度介于 LDPE 和 HDPE 之间，耐穿刺性、强度、开口性、柔软性都较好，耐老化性强，一般使用期为100d左右。

c. 共混膜（三种树脂共混） HDPE 与 LLDPE 共混微薄地膜，性能介于 HDPE 和 LLDPE 微薄地膜之间。HDPE 与 LDPE 共混微薄地膜，性能大体相当于 HDPE 与 LLDPE 共混微薄型地膜，耐老化性好，使用期4个月左右。常用地膜规格用途、用量见表2-8。

表2-8 常用地膜规格用途、用量

名称		规格		用途	亩用量/kg
		厚度/mm	幅宽/cm		
普通地膜		0.014±0.002	95,100,110,130,180	地面覆盖 近地面小拱覆盖 保温幕（天幕）	8～10 10～13 10～15
微薄地膜	HDPE	0.008±0.002	80,95,110,130,180	地面覆盖	4～5
	LLDPE	0.008±0.002	80,95,110,130,180	地面覆盖	4～5
	HDPE 与 LLDPE 共混	0.008±0.002	80,95,120,180	地面覆盖	4～5
	HDPE 与 LDPE 共混	0.008±0.002	80,95,120,180	地面覆盖	4～5
	LDPE 与 LLDPE 共混	0.008±0.002	80,95,120,180	地面覆盖	4～5

(2) 除草抑草地膜

① 黑色膜 透光率低，膜下杂草因少光而黄化死亡。增温效果较差，提高地温1～3℃。薄膜本身吸热，易老化，寿命短，适于夏季覆盖。

② 绿色膜 透过绿光，不被植物吸收利用，能够抑制杂草生长。增温效果强于黑色膜。但易褪色、老化。

③ 双色膜 一条宽10～15cm的透明膜，接一条同样宽度的黑膜或反光膜，如

此两条膜相间,既可透光增温,又可抑制杂草。

④ 双面膜　一面为乳白色或银灰色,另一面为黑色,盖时黑色向下。具有降温、抑草和反光作用。

⑤ 杀草膜　薄膜制作过程中掺入除草剂,覆盖后,凝结水溶解膜内的除草剂,而后滴入土壤,或在杂草触及薄膜时被除草剂杀死。此种地膜国外有应用,我国仍处于试制阶段。由于蔬菜专用除草剂少,因此受到限制。

(3) 反光避蚜膜

① 银色膜　将铝粉薄薄地镀在膜两面或在树脂中掺入 2‰～3‰ 的铝粉,制成含铝膜。具有隔热反光作用,反光强,增温效果差。

② 银灰反光膜　具有避蚜作用,可减少虫口基数,减轻病毒病。高温季节覆盖进行降温栽培。

③ 双面膜　一面是银灰色,另一面是黑色的地膜。覆盖时银灰色朝上,黑色朝下,可同时起到避蚜和抑草的作用。

(4) 切口膜和有孔膜

① 切口膜　地膜上横向有规律地分布很多小切口,按株行距确定定植孔。

② 有孔膜　地膜上打小孔。针对普通地膜覆盖易早衰的问题,有孔地膜减轻高温危害,缓冲土壤温度水分变化,增强透气性,降低根层有害气体浓度 3～5 倍,提高近地面温度 0.1℃。改善膜内土壤的理化性质,对植株生长有显著效应。

(5) 环保地膜

① 耐候易清除地膜　地膜强度高,寿命长,耐候性好,使用后 80% 可清除,对防止残留有显著效果。

② 降解地膜　包括光降解、生物降解及光-生物降解地膜。在光和土壤微生物等自然条件下可自行崩坏降解成碎片。但尚存在一些缺点,如使用期短、增温效果差等。

五、农用无纺布覆盖

无纺布又叫不织布、非织布或无织布,系以聚酯或聚丙烯为原料,切片经螺杆挤压纺出长丝并直接成网,再以热轧粘合方式制成。其是一种具有较好透气性、吸湿性和一定透光性的布状覆盖材料。应用在农业生产上称为农用无纺布。

1. 无纺布的种类、规格及性能

(1) 无纺布的种类和规格　无纺布分为短纤维无纺布和长纤维无纺布。短纤维无纺布多以聚乙烯醇、聚乙烯为原料,长纤维无纺布多以聚丙烯、聚酯为原料。短纤维无纺布牢度较长纤维无纺布差,纵向强度大,横向强度小,使用较易损坏;长纤维无纺布强度差异较小,使用时不易损坏。在农业上应使用长纤维无纺布。颜色以白色为主，也有黑色和银灰色的。我国生产的农用无纺布，都加入了适量的耐老化剂，因而强度提高，质量较好。

无纺布是根据每平方米的质量来划分规格的，一般每平方米质量20～100g。不同规格无纺布的性能参数见表2-9。

表2-9 不同规格无纺布的性能参数

规　格	厚度/mm	透水率/%	透光率/%	通气度/(mL/cm²·s)
20g/m²	0.09	98	65	500
30g/m²	0.12	98	50	320
40g/m²	0.13	30	36	200
50g/m²	0.17	10	34	145

(2) 无纺布的性能

① 保温性　覆盖无纺布，能够提高气温和地温。据试验，早春大棚育苗时，小拱棚内加盖一层无纺布，可提高苗床气温1～1.5℃；以20g/m²农用无纺布浮面覆盖冬季生菜，20cm土层温度提高0.7～1.8℃。无纺布的保温能力随着厚度增加而提高。

② 透光性　薄型无纺布的透光性能与玻璃相接近。随着厚度增加，透光性能也随着下降。据测定，16g/m²无纺布透光率为85.6%±2.8%，25g/m²无纺布的透光率为72.7%±7.3%，30g/m²无纺布的透光率为60%左右。故无纺布在冬季覆盖可增加透光率，在夏季可作为遮强光、降高温之用。

③ 透气性　和塑料农膜不透气性相比，无纺布有很多微孔，具有透气性，覆盖后不必揭盖通风，省工省力。其透气性与内外的温差、风速成正比，当温差、外界风速增大时，透气性也随之增大，所以覆盖无纺布能自然调节温度，作物不会受高温危害。

④ 吸湿性　无纺布质地疏松，具有一定的吸湿性。作为设施内覆盖材料，具有降低空气湿度的作用。但吸湿后的无纺布重量增加，保温性变差，不便于收藏，拉动时也容易损坏，需要及时晾晒。

⑤ 保湿性　无纺布直接覆盖地面，能够减少地面水分蒸发，保持较高的土壤湿度。其保湿性随着无纺布厚度的增大而增强。40g/m²无纺布覆盖下，土壤含水量比露地增加31%，20g/m²的无纺布保湿性不明显。

2. 农用无纺布的覆盖方式

(1) 露地越冬蔬菜覆盖保温　用30g/m²的无纺布覆盖露地越冬的菠菜、韭菜、葱、荠菜等，日揭夜盖，可明显提高近地面温度和地温，起到防止冻害、促进生长的作用，一般可提早上市10～20d，增产20%以上。

(2) 蔬菜苗期床面覆盖　起到保温、保湿、促进种子发芽等作用，还可以在床面上施肥、浇水、喷药。用于床面覆盖的应选规格为 $20g/m^2$ 或 $30g/m^2$ 的无纺布，在播种后将长和宽大于畦面的无纺布直接铺盖到床面上。畦的两端和两侧用石块或 U 字形铁丝固定。出苗后根据天气状况及蔬菜生产要求，注意及时揭盖。

（3）浮面覆盖　不论露地或棚室内均可进行浮面覆盖。露地浮面覆盖即将 $20g/m^2$ 或 $30g/m^2$ 的无纺布直接覆盖于作物上，四周固定，但不要绷得太紧，要留有余地，使蔬菜有充足的生长空间。棚室浮面覆盖，无需固定。使用时根据天气情况确定揭盖时间。

（4）小拱棚覆盖　用于早春覆盖可选用规格 $20g/m^2$ 以上的白色无纺布，使用时将无纺布覆盖在小拱架上，再盖地膜，可提高棚内气温 $1.8\sim2.0℃$；夏秋季育苗可选用规格为 $20g/m^2$ 或 $30g/m^2$ 的银灰色无纺布或黑色无纺布，使用时可直接将颜色较深的无纺布盖在拱架上代替农膜。由于无纺布具有透气性，可避免通风不及时造成烤苗。

（5）二层幕覆盖　又叫天幕覆盖，在无柱的日光温室和塑料大棚内预设支架，悬挂 $40g/m^2$ 或 $50g/m^2$ 的无纺布作天幕，使天幕与棚膜之间保持 $15\sim20cm$ 宽的距离，形成一个保温层。低温季节使用昼开夜合，可提高温度 $3\sim5℃$；高温季节使用昼合夜开，可起到遮光降温的作用。

（6）外保温覆盖　在温室草苫下加铺一层无纺布，提高保温效果；遇寒流天气，夜间直接用无纺布覆盖在温室或大棚外面，防止棚内作物受冷害。用于外保温覆盖的无纺布应选用规格为 $30\sim100g/m^2$ 的。

资料卡　　　　　**新型地膜——液态地膜**

液态地膜也被称作土面液膜，液态地膜是在沥青中加入了特殊的添加剂混合而成的一种乳剂，其具有强烈的黏附作用，能将土粒联结起来，形成较理想的团聚体，这一作用机制同标志土壤肥力的腐殖质在团聚体形成中的作用机制是一样的，可以在较短时间内改善土壤团粒结构，使土壤的通透性大大增强，对砂土或过黏土壤的结构改善作用尤为明显。使用时将液态地膜的水溶液用压力喷雾器喷施于地表，干燥后即可形成多分子层化学保护膜，既能固结表土，又能抑制土壤水分的蒸发，使土壤在较长时间内保持比较湿润的状态，土壤表层含水量可提高 20% 以上，达到保墒的效果。抑制土壤水分蒸发的同时，很大程度上是抑制了土壤热量散失，即增加了土壤的温度。同时，由于液态地膜具有固定表层土壤的特性，使土壤的稳固性得到了增加，因此使用液态地膜可以有效地保护土壤，减少水土流失，起到防止土壤沙化的作用。

与塑料地膜相比，液态地膜具有以下特点：

- 使用方便，省工省时。液态地膜使用时只需将原液稀释4~5倍，用农用喷雾器均匀地喷施于地表即可，整个操作过程一个人便可完成。
- 无需人工破膜。液态地膜成膜后，植物幼苗可直接破膜而出，不必像塑料地膜那样还需人工破膜，节省了大量工作量。
- 自然降解，还可改良土壤。液态地膜在完成了保水、增温、保墒、保苗的功效后，可自然降解，在进入土壤后还可发挥土壤结构调理剂的作用，继续发挥其改良土壤之功效。
- 适用范围广。液态地膜除常规应用外，还可用于坡地、风口、不规则地块等塑料地膜无法使用的地区。

此外，大量试验还表明，土壤喷施液态地膜后，作物的增产幅度可以有明显的提高，特别是收获地下果实的作物，如花生、马铃薯、甘薯等，平均可增产20%左右。冬小麦施用液态地膜后，则表现为冬前苗壮，根系发达，越冬后死苗率低，返青、抽穗均较对照提前，返青分蘖数及亩穗数也显著增多。

第二节 越夏栽培设施

一、遮阳网覆盖

遮阳网又称遮荫网、寒冷纱或凉爽纱，是以优质聚烯烃树脂为原料，并加入防老化剂和各种色料，溶化后经拉丝编织成的一种重量轻、强度高、耐老化、体积小、使用寿命长的网状农用覆盖材料。夏秋高温季节利用遮阳网覆盖进行蔬菜生产或育苗，具有遮光、降温、抗暴风雨、减轻病虫害等功能，已成为我国南方地区夏秋淡季生产克服高温的一种有效的栽培措施。如图2-12所示。

图2-12 塑料大棚覆盖遮阳网

1. 遮阳网规格型号及性能

目前生产中使用的遮阳网有黑、银灰、白、黑绿等颜色,遮光率在30%~90%,生产上应用较多的是35%~65%的黑网和40%~55%的银灰网。

(1) 遮阳网的型号和规格 以纬经25mm(一个密区)编丝根数为依据,可分为以下五种:8根网、10根网、12根网、14根网和16根网。以江苏省武进县塑料二厂生产的遮阳网为例,产品型号为:SZW-8、SZW-10、SZW-12、SZW-14、SZW-16。

遮阳网的幅宽有90cm、150cm、160cm、200cm、220cm和250cm等规格。

(2) 遮阳网的性能 编丝根数越多,遮光率越大,纬向拉伸强度也越强,但经向拉伸强度差别不大。编织的质量、厚薄、颜色也会影响遮光率。

生产上应用最多的是SZW-12和SZW-14两种型号的遮阳网,每平方米的质量分别是(45±3)g和(49±3)g,幅宽以160~250cm为宜。使用寿命一般在3~5年。遮阳网的主要性能指标见表2-10。

表2-10 遮阳网的主要性能指标

型号	遮光率/%		机械强度(50mm宽的拉伸强度)/N	
	黑色网	银灰色网	经向(含一个密区)	纬向
SZW-8	20~30	20~25	≥250	≥250
SZW-10	25~45	25~45	≥250	≥300
SZW-12	35~55	35~45	≥250	≥350
SZW-14	45~65	40~55	≥250	≥450
SZW-16	55~75	55~70	≥250	≥500

2. 遮阳网的应用效果

(1) 遮光降温 覆盖遮阳网能够削弱光强,有效防止强光照对蔬菜造成的负效应。同时显著降低了地温和近地面气温,有利于高温季节喜凉蔬菜的正常生长。

(2) 增湿保墒 由于遮阳网的降温防风作用,降低了覆盖区和外界的气体交换速度,明显提高了空气相对湿度。进行地面覆盖时,有效减少地面水分蒸发,能起保墒降地温的作用。

(3) 防暴雨冲击 夏季高温季节遮阳网覆盖于棚架上可避免暴风雨等对植株的冲击损害,暴雨落到网上,分散成无数小雨滴,雨滴的冲击力只有外界的1/50。

(4) 保温防霜 晚秋或早春用遮阳网进行夜间保温覆盖,可保持近地面温度,防止和减轻霜冻危害,有效减少冷害和冻害的发生。

(5) 减轻病虫害发生 实践证明,利用遮阳网覆盖栽培,植株生长健壮,抗逆性增强,病毒病的发病率明显降低,一般可减轻50%以上。盛夏使用遮阳网的菜地,蔬菜纹枯病、病毒病、青枯病等病害的发生明显减轻,蚜虫的发生率是无遮阳网的10%左右,其他害虫特别是迁飞性害虫的数量也大大减少,有利于蔬菜无公害生产和花卉的越夏栽培。

3. 覆盖方式

(1) 浮面覆盖 主要用于高温季节叶菜类播种后或果菜类定植后,将遮阳网直接盖在播种畦或作物上[图2-13(a)、(b)],避免中午前后强光直射,又能获得傍晚短时间的"全光照",出苗后不徒长,有利于齐苗和壮苗,出苗率和成苗率可提高20%~60%。

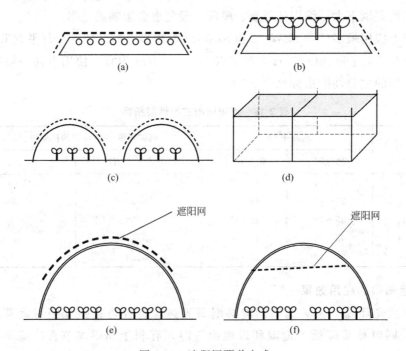

图2-13 遮阳网覆盖方式
(a) 播种后浮面覆盖;(b) 缓苗期浮面覆盖;(c) 小拱棚覆盖;(d) 平棚覆盖;
(e) 大棚顶固定(活动)式覆盖;(f) 大棚内悬挂式覆盖

(2) 小拱棚覆盖 利用小拱棚架,或临时用竹片(竹竿)做拱架,上用遮阳网全封闭或半封闭覆盖,根据天气情况合理揭盖[图2-13(c)]。可用于芹菜、甘蓝、花菜等出苗后防暴雨遮强光栽培,或茄果类、瓜类等蔬菜越夏栽培、育苗,及萝卜、大白菜、葱蒜类蔬菜的早熟栽培。

(3) 平棚覆盖 用角铁、木桩、竹竿、绳子搭成简易的水平棚架,上用小竹竿、绳子或铁丝固定遮阳网[图2-13(d)],棚架高度和栽培畦宽度可依需要而定。

早、晚阳光直射畦面，有利于光合作用，防徒长，中午防止强光，多为全天候覆盖，可用于各种蔬菜的越夏栽培。

(4) 大（中）棚覆盖 通常利用6m跨度的棚架，保留大棚顶部棚膜，拆除底脚围裙，将遮阳网按覆盖宽度缝合好，直接盖在棚顶上。可将遮阳网两侧均固定于骨架进行固定式覆盖或一侧固定进行活动式覆盖，也可在棚内进行悬挂式覆盖[图2-13(e)、(f)]。这种覆盖方式多用于甘蓝、芹菜等的夏季覆盖育苗。

4. 使用注意事项

选购时要按作物的需光特性、栽培季节、地区天气状况决定。菠菜、莴笋、乌塌菜等耐寒、半耐寒叶菜冬季覆盖，宜选用银灰色遮阳网保温防霜冻，日揭夜盖；芹菜、芫荽、甘蓝及葱蒜类等喜冷凉蔬菜夏秋季生产，宜选用遮光率较高的黑色遮阳网，9:00～16:00覆盖，如气温高于35℃，还可延长覆盖时间；喜光的茄果类、瓜类、豆类等夏秋季生产宜选用银灰色遮阳网；防蚜虫、病毒病，最好选银灰网或黑灰配色遮阳网覆盖；全天候覆盖的，宜选用遮光率低于40%的遮阳网或黑、灰配色网；夏秋季育苗或缓苗短期覆盖，多选用黑色遮阳网覆盖，育苗后期要卷起网炼苗。

当需将窄幅网拼接使用时，应用尼龙线缝合，切勿用棉线或市售包扎塑料绳，防止使用过程中因老化而断裂。

二、防虫网覆盖

防虫网是以高密度聚乙烯为主要原料，经拉丝编织而成的一种形似窗纱的新型覆盖材料，具有抗拉强度大，抗紫外线，耐腐蚀、耐老化等性能。利用防虫网覆盖栽培能有效地将害虫阻隔在网外，防止虫害的发生，大幅度减少化学农药的使用量，是实现夏季蔬菜无公害栽培的有效措施之一。

1. 防虫网的种类和规格

目前防虫网按网格大小有20目、24目、30目、40目，幅宽有100cm、120cm、150cm等规格。蔬菜生产中为防止害虫迁飞以20目、24目最为常用。使用寿命3～4年，色泽有白色、黑色和银灰色等，有尼龙筛网、锦纶筛网和高密度聚乙烯筛网等。

(1) 尼龙筛网 用尼龙线编织而成，规格较多，从20～100目。具有通风、透光、透气、无毒、风吹雨打不易老化等特点。适合长时间使用，比一般窗纱使用寿命延长3倍。

(2) 锦纶筛网 除了与尼龙筛网具有相同的性能外，还有防老化的优点，厂家还可根据用户需要定做不同规格的筛网，一般产品为30～100目。

(3) 高密度聚乙烯筛网　由高密度聚乙烯和铝粉经工业加工拉丝编织而成，网目与尼龙筛网相同。

2. 覆盖方式和应用效果

(1) 覆盖方式

① 完全覆盖　完全覆盖是指利用温室、大中棚、平棚、小拱棚骨架，用防虫网将其完全封闭的一种覆盖方式（图2-14）。

② 局部覆盖　局部覆盖只在通风口门窗等部位设置防虫网；或在大棚顶部用塑料薄膜覆盖，四周裙边用防虫网的覆盖栽培。

(2) 防虫网的应用效果

① 防虫防病　防虫网可有效地防止菜青虫、小菜蛾、蚜虫等害虫迁入棚内，抑制了虫害的发生和蔓延，同时有效地控制了病毒病的传播。

图 2-14　防虫网完全覆盖

② 调节温度和湿度　防虫网为半透明覆盖物，具有一定的增温保温任用。早春季节，防虫网覆盖棚内比露地气温高 1~2℃，5cm 地温比露地气温高 0.5~1℃，能有效防止霜冻。覆盖防虫网，在一定程度上降低了棚内水蒸气的逸散，使得网内相对湿度比露地高 5% 左右，浇水后高近 10%。

③ 遮光作用　防虫网具有一定的遮光效果，如 25 目白色防虫网的遮光率为 15%~25%，银灰色防虫网为 37%，灰色防虫网可达 45%，夏季选用银灰色、灰色防虫网可同时起到遮荫和防虫的作用。

④ 防雨抗风　夏季的强风、暴雨、冰雹等天气会对蔬菜造成机械损伤，使土壤板结、发生倒苗、死苗现象。覆盖防虫网后，由于其网眼小、强度高，暴雨经防虫网撞击后，降到网内已成蒙蒙细雨，冲击力减弱，有利于蔬菜的生长。据测定，25 目防虫网下，大棚中风速比露地降低 15%~20%。30 目防虫网下，风速降低 20%~25%，因而防虫网覆盖可减轻天气灾害对蔬菜的损伤。

⑤ 保护天敌　防虫网构成的生活空间，为天敌的活动提供了较理想的环境，又不会使天敌逃逸到外围空间去，这为应用推广生物治虫技术创造了有利条件。

3. 使用注意事项

(1) 覆盖前棚内彻底消毒　防虫网覆盖前应对棚室进行彻底消毒，杀死残留在土壤中的病菌和害虫，切断设施内的虫源，同时清除杂草。

(2) 选择适宜的种类和规格　根据蔬菜地的情况和不同作物、季节的需要来选择防虫网的幅宽、孔径、丝径、颜色等。孔径目数过少，网眼过大，起不到应有的防虫效果；目过多，网眼过小，防虫效果好，但遮光多，对蔬菜的生长不利。目前较为适宜的是 20～25 目，丝径 0.18mm，幅宽 1.2～3.6m，白色。如果需加强防虫网的遮光效果，可选用银灰色或灰色及黑色的防虫网。

（3）采用适当的覆盖方式　全网覆盖和网膜覆盖均有避虫、防病、增产等作用，但对各种异常天气适应能力不同，应灵活运用。在高温、少雨、多风或强台风频发的夏秋天，应采用全网覆盖栽培。在梅雨季节、或连续阴雨天气可采用网膜覆盖栽培。

（4）全程封闭管理　安装防虫网时四周要用土压严实，防止害虫潜入产卵；为防止暴风雨将防虫网吹开，安装时最好用压膜线固定；安装后要仔细检查整幅防虫网有无破损，发现防虫网上有孔洞和缝隙要及时修补；防虫网遮光率低，可全程覆盖，生产结束前不能随意揭开；管理人员出入时，一定要迅速关闭入口，防止害虫迁飞；加强管理，防止植株生长旺盛期叶面接触防虫网，导致网外害虫取食和产卵。

（5）防高温危害　高温季节生产，网内温度容易偏高，可通过加盖遮阳网遮荫降温。也可通过增加浇水次数，保持网内湿度，以湿降温。

（6）妥善保管防虫网　防虫网田间使用结束后，应及时收取，洗净，吹干，卷好，以延长使用寿命，减少折旧成本，增加经济效益。

三、防雨棚

防雨棚是指雨季利用塑料薄膜等覆盖材料，扣在大棚或小棚顶部，使棚内蔬菜作物免受雨水直接淋洗的栽培设施。高温雨季为病虫多发季节，蔬菜作物很难正常生长，利用防雨棚栽培能有效地防止高温涝害，避免土壤养分流失和土壤板结，促进根系发育，防止作物倒伏。同时，可有效地防止土壤和空气湿度过大而造成的病害流行，从而使蔬菜作物获得优质高产。

根据所利用的棚架不同，防雨棚可分为大棚型、小拱棚型和温室型。大棚型防雨棚即夏季不拆除棚顶薄膜，只拆除四周围裙，以利通风，四周也可挂防虫网防虫，可用于各种蔬菜的越夏栽培。小拱棚型防雨棚主要用作西瓜、甜瓜的早熟栽培，前期闭棚保温进行促成栽培，后期两侧通风，保留顶部棚膜遮雨，避免花期遭受雨淋，可有效提高坐果率。广州等南方地区多台风、暴雨，可建立玻璃温室状防雨棚，顶部为玻璃屋面，四周玻璃可开启通风，用作夏菜育苗或栽培。

技能训练 1　电热温床的设计与安装

目的要求　熟悉电热温床的设计方法和工作原理；能够独立设计制作和安装电热温床；熟练掌握自动控温仪和电热线的连接方法，会使用和连接交流接触器。

材料用具 电热线、自动控温仪、交流接触器、电源、配电盘、电工工具；马粪、炉渣、营养土、细沙、常用农具等。

训练内容

(1) 布置工作任务 现需要 20m² 的育苗温床，于早春季节培育黄瓜苗，请根据所学知识和提供的电加热设备设计安装电热温床。

(2) 实施步骤

① 设计苗床 选定功率密度，计算总功率；熟悉各种电加热设备的功能，参照说明书进一步了解各种电加热设备的技术参数和正确使用方法；选择所需电加热线型号和数量；进行布线计算，确定 1 根电热线铺设的苗床面积、布线行数和布线间距。

② 做苗床 温室或大棚中设置电热温床，应选择光照、温度最佳部位。根据计算所得苗床面积，温室在中柱前做东西延长的床，大棚在中间部位做苗床，延长方向与大棚延长方向一致。苗床不要做得太宽，以便于扣小拱棚。床面低于畦埂 10cm，要求床面平整，无坚硬的土块或碎石。如地温低于 10℃，应在床面上铺 5cm 厚的腐熟马粪、碎稻草、细炉渣等作隔热层，压少量细土，用脚踩实。

③ 布线 布线前，先在温床两头按计算好的距离钉上长 25cm 左右的小木棍，地面上留 5cm 左右挂线。布线一般由 3 人共同操作，一人持线往返于温床的两端放线，其余两人各在温床的一端将电热线绕在木棍上，注意拉紧调整距离，防止电热线松动、交叉或打结（图 2-15）。为使苗床内温度均匀，苗床两侧布线距离应略小于中间。电热线要紧贴地面，线的两端最后在同一侧，以便于连接其他电加热设备，还应将电热线与外接导线的接头埋入土中。

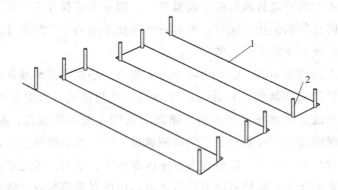

图 2-15 电热线绕线示意
1—电热线；2—小木棍

④ 连接自动控温仪、交流接触器等 连接顺序为：电源→控温仪→交流接触器→电热线。

a. 功率＜2000W（10A 以下）可采用单相接法，直接接入电源或加控温仪。

如图 2-16(a) 所示。

b. 功率＞2000W（10A 以上）采用单相加接触器和控温仪的接法，并装置配电盘（箱）。如图 2-16(b) 所示。

c. 功率电压较大时可用 380V 电源，并选用与负载电压相符的交流接触器。为了保持电压宜采用三相四线法。连接时应注意 3 根火线与电热线均匀匹配。如图 2-16(c) 所示。

⑤ 通电测试　整床电热线布设完毕，通电后各设备正常工作后再断电，准备铺床土。

⑥ 铺床土　电热线铺好后，根据用途不同，上面铺床土的厚度也不同。如用作播种床，铺 5cm 厚的床土；移植床，铺 10cm 厚床土；育苗盘或营养钵直接摆在电热线上。上面扣小拱棚，夜间可加盖草苫、纸被保温，保温效果更好。

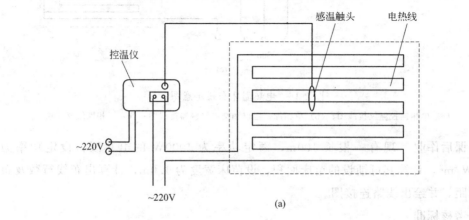

(a)

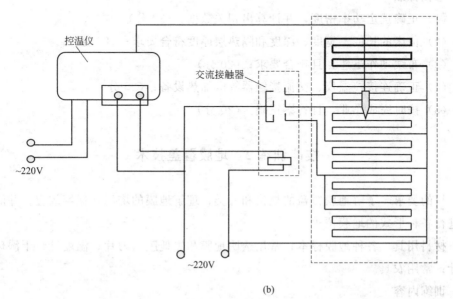

(b)

图 2-16

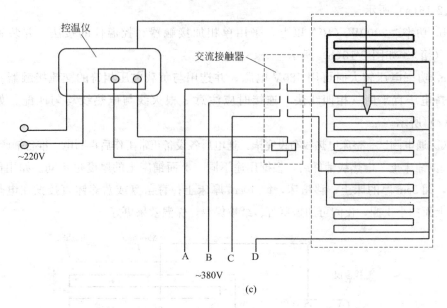

图 2-16 电热温床布线示意图

(a) 单相加控温仪接线图；(b) 单相加控温仪和交流接触器接线图；(c) 三相四线接线法

课后作业 现有一根长 100m，额定功率为 1000W 的电热线，设定功率为 $100W/m^2$，计算其可铺设的苗床面积，设苗床宽度为 1.0m，计算出布线行数及布线间距，并绘出线路连接图。

考核标准

(1) 正确选定功率密度，并计算出相关数据；(20 分)

(2) 苗床的长度、宽度、深度和隔热层厚度符合要求；(20 分)

(3) 布线动作迅速，且符合要求；(20 分)

(4) 正确连接控温仪、交流接触器等电加热设备；(20 分)

(5) 按时完成作业，且答案正确。(20 分)

技能训练 2 地膜覆盖技术

目的要求 了解地膜覆盖的规格和种类；理解地膜的增温和保墒效应；并能熟练进行各种形式的地膜覆盖。

材料用具 各种地膜标本；常用透明地膜和黑地膜；刀片；温度计、干湿球温度计；常用农具。

训练内容

(1) 布置任务

① 露地栽培畦地膜覆盖　制作平畦、高垄（畦）、沟畦等各种栽培畦，扣膜暖地，准备播种或定植。

② 设施栽培畦地膜覆盖　为温室内刚刚定植缓苗后的蔬菜覆盖地膜。

(2) 实施步骤

① 露地整地做畦　按覆膜技术要求，制作平畦、高垄（畦）和沟畦。

② 覆盖地膜　3~4人组成一个小组，合作覆膜。完成修整畦面、展膜、平铺、压实等步骤。

③ 为已定植的幼苗覆膜　反复练习在有苗的栽培畦上展膜、平铺、两端固定、割口引苗、固定地膜两侧并封闭定植口等操作，直至各小组熟练完成为止。

(3) 地膜覆盖效应调查

① 测地温　自覆盖后第3天开始，连续1周，测定1日内不同时间的温度变化规律，以及不同天气状况下的增温效果。

② 测土壤含水量　覆盖后第1周、第2周两次做土壤含水量测定。

课后作业　分析测定数据，总结归纳地膜覆盖的增温、保墒效应。

考核标准

(1) 完成各种畦型的制作；(20分)

(2) 完成露地栽培畦地膜覆盖任务，且覆膜质量高；(10分)

(3) 完成先定植、后覆盖的训练任务，且伤苗率低于1%；(30分)

(4) 按时测定相关数据，并认真记录、分析；(20分)

(5) 按时完成作业，且数据全面可靠，报告详实。(20分)

技能训练3　半透明覆盖材料的种类和性能调查

目的要求　正确识别遮阳网、防虫网、农用无纺布等园艺设施常用半透明覆盖材料；了解其种类、规格型号；通过观测调查掌握其性能。

材料用具　各种半透明覆盖材料的小块样本；使用半透明覆盖材料的园艺设施；酒精温度计、自计温度计、照度计、湿度计等仪器设备。

训练内容

(1) 布置任务　现有1栋用于夏秋培育甘蓝苗的塑料大棚需要覆盖遮阳网，1栋用于越夏白菜生产的温室需要覆盖防虫网，还有1栋早春种植蔬菜的塑料大棚需要加挂无纺布二层幕，请制定购买计划并实地接触经销商（注：各小组的任务相同，但温室大棚的规格和面积不同，由教师根据实际情况指定）。

(2) 实施步骤

① 查阅资料、实地调查　学生分成小组，通过查阅资料、参观走访等各种形

式了解遮阳网、防虫网、农用无纺布等覆盖材料的种类、规格、性能和报价，形成调查报告。

② 根据教师提供的小块覆盖材料样本，与手中的调查报告对照，选定需购买的材料种类和规格。

③ 制定购买计划，如生产厂家、材料数量、价格、运费，做出预算。

④ 连续1周观测遮阳网、防虫网和无纺面覆盖下的设施内的温度、光照度和相对湿度，并与外界温度、光照度和相对湿度进行比较，列出数据表。

课后作业 根据所观测的环境指标数据，归纳总结出遮阳网、防虫网和无纺布的主要性能。

考核标准

(1) 覆盖材料的调查报告全面、详实，有新意；(20分)

(2) 选用材料合理，符合生产要求，兼顾节约成本；(20分)

(3) 预算准确，材料购买计划可行；(20分)

(4) 按时测定相关数据，并认真记录、分析；(20分)

(5) 总结报告全面、详实，与观测数据相符。(20分)

本 章 小 结

风障畦、阳畦和改良阳畦结构简单，造价低，主要用于耐寒性蔬菜花卉的越冬栽培或种株（球）贮藏，也可用于喜温性蔬菜花卉的早春育苗和提前延后栽培。常用育苗温床有酿热温床、电热温床和架床三种类型，其中电热温床由于其结构简单，使用方便，加温效果好而得到广泛应用。地膜覆盖包括平畦、高垄、高畦、沟畦和支拱覆盖几种方式，因其具有提高地温、保墒防涝降湿、改善土壤性状、增加近地面光照等优良性能，在生产中应用广泛。农用无纺布因为具备保温、透光、吸湿、透气等优良性能，广泛用于浮面覆盖、二层幕覆盖和外保温覆盖。

遮阳网、防雨棚、防虫网等越夏栽培设施具有遮光降温、防雨防涝、阻隔害虫等作用，是高温多雨季节保证园艺植物正常生长的重要设施，近年来应用面积逐渐扩大。

复习思考题

1. 试比较风障畦、阳畦、改良阳畦的结构和性能。
2. 设置风障应注意哪些问题？
3. 设置阳畦和改良阳畦应注意哪些问题？
4. 为什么冬春季育苗时，阳畦内的幼苗高低不齐？

5. 图示酿热温床的结构并简述其发热原理。
6. 试述酿热温床的制作过程。
7. 使用电热温床应注意哪些问题?
8. 绘出电热温床的结构图,并简述电热温床的设计和安装步骤。
9. 简述地膜覆盖的方法步骤。
10. 地膜覆盖有哪些效应?
11. 图示地膜覆盖的五种方式,并简述其优缺点。
12. 地膜可分为哪几大类,请举例说明。
13. 遮阳网有哪几种覆盖方式?使用遮阳网应注意哪些问题?
14. 防虫网的主要作用是什么?有哪几种覆盖形式?
15. 农用无纺布具有哪些作用?

园/艺/设/施

第三章
塑料拱棚

> **目的要求** 了解塑料拱棚的常见类型及规格、性能;掌握塑料大棚、塑料中棚和小拱棚的结构、设计及建造方法。
>
> **知识要点** 塑料大棚的常见类型;塑料大棚的结构及性能;塑料大棚的设计与建造;塑料中棚的类型及性能;小拱棚的建造和使用方法。
>
> **技能要点** 塑料大棚、塑料中棚的设计与建造;棚膜的剪裁、连接与覆盖;小拱棚的建造与使用。

塑料拱棚又称冷棚,由竹木、钢筋、钢管等材料支成拱形或屋脊形骨架再覆盖薄膜而成。根据棚的高度和跨度不同,可分为塑料大棚、塑料中棚和小拱棚三种类型。

第一节 小 拱 棚

小拱棚是全国各地应用最普遍、面积最大的保护地设施,特别是在西瓜、甜瓜的春早熟栽培中,小拱棚发挥了巨大优势,如图3-1所示。小拱棚宽度一般为1~2m,高度0.6~0.8m,长度10m。

图3-1 大面积的小拱棚甜瓜栽培

一、小拱棚的类型结构

小拱棚结构简单,取材方便,建造容易,造价低廉,在生产中可根据需要灵活应用，也可以与温室大棚等大型设施结合使用。根据外形，小拱棚可分为拱圆型、拱圆加风障型、半拱圆型、土墙半拱圆型和双斜面棚几种类型，如图3-2所示。目前生产中应用较多的是拱圆型。

小拱棚的拱架可就地取材，用细竹竿、竹片等做拱杆，弯成拱形，两端插入土中。两拱间距为 0.6～0.8m，上面覆盖一整块薄膜，四周卷起埋入土中。1m 跨度的小拱棚不设立柱。2m 跨度的小拱棚用细竹竿作拱杆，由于强度低，顶部用一道细木杆作横梁由立柱支撑。小拱棚骨架也可以利用钢筋弯成拱形，两端插入土中，钢筋间距 1m。1m 跨度的小拱棚用 $\phi12$ 钢筋，2m 跨度小拱棚用 $\phi14$ 钢筋。跨度较大的小拱棚，还应在棚外设压膜线，防止大风揭开棚膜。

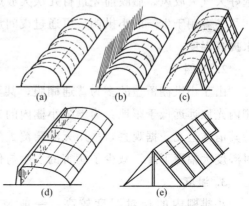

图 3-2　小拱棚的类型

(a) 拱圆型；(b) 拱圆加风障型；(c) 半拱圆型；
(d) 土墙半拱圆型；(e) 双斜面型

二、小拱棚的性能

1. 温度

小拱棚的增温能力受外界温度变化和棚膜特性的影响。通常，早春季节小拱棚的增温能力只有 3～6℃。但如果外界光照充足，气温升高时，小拱棚的最大增温能力可达 15～20℃。阴天和夜间棚内最低温度仅比露地提高 1～3℃。由于小拱棚内空间小，缓冲能力差，温度变化剧烈，一般情况下，昼夜温差可达 20℃ 左右。晴天的中午，小拱棚内的温度可达 40℃ 以上，易发生"烤苗"现象。早春如遇寒流天气，棚内夜间极易发生冻害。小拱棚内温度分布不均匀，无论气温还是地温，都表现为两侧温度低，中间温度高，地温尤其明显，因此，往往造成靠两侧作物矮小、中间又容易徒长的结果。

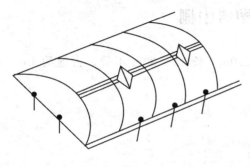

图 3-3　小拱棚顶部通风示意

为防止小拱棚内温度过高，应适时通风。由两侧揭棚膜更容易使边行温度下降，所以必须采取放顶风的方法，才能使棚内温度分布均匀，作物生长整齐。小棚放顶风，首先要改进覆盖薄膜方法，用两幅薄膜烙合，每米留出 30cm 不烙合，覆盖时烙合缝放在中部。放顶风时，用一根高粱秸把未烙合处支成一个菱形口，闭风时撤掉高粱秸，如图3-3所示。当外界温度升高后再放底风。放底风先由背风一侧开通风口，经过几天放风后再从迎风一侧开放风口，放几次对流风以后，选好天气大放风。撤膜前先进行几次大放风，使小棚内作物逐渐适应外界环境。

冬春用于生产的小拱棚，可通过夜间加盖无纺布、纸被、草苫等外保温覆盖物来提高温度。

2. 光照

由于小拱棚覆盖的多为普通棚膜，甚至是使用多年的旧棚膜，故透光率较低，棚内光照远远低于露地。为增强小棚内的光照，应选用优质棚膜，并经常擦拭，保持其清洁透光。据观察，采用无滴膜覆盖的小拱棚，不仅光照增加，而且小棚内相对湿度大幅度下降，减少了病害的发生与传播。

3. 湿度

小拱棚内的相对湿度较高，一般为70%～90%，白天通风后湿度可降到40%～60%，平均高于外界20%左右。尤其是阴天和夜间，当小棚内温度较低时，相对湿度较高。管理上可通过白天通风、夜间内层盖无纺布等措施来降低小棚内的湿度，可减少病害的发生。

三、小拱棚的应用

1. 育苗

小拱棚夜间覆盖草苫、纸被等保温材料，可用于早春蔬菜、花卉育苗。也可用于保护建于温室大棚中的苗床，提高苗床温度。

2. 保护越冬蔬菜

在小拱棚保护下进行耐寒性蔬菜越冬栽培，翌年春可提早收获。

3. 短期覆盖栽培

春季提早定植喜温蔬菜幼苗15～20d，待露地温度适宜后，可将棚膜卷起，当作遮雨棚使用。广泛应用于西瓜、甜瓜、西葫芦、辣椒等蔬菜春提早栽培。

第二节 塑料中棚

塑料中棚跨度5～6m，高度为1.5～2.0m，长15～30m不等，占地约100～200m^2。比大棚节省建材，但作业不便。

一、塑料中棚的类型和结构

1. 类型

中棚按结构形式可分为以下四种类型（图3-4）。

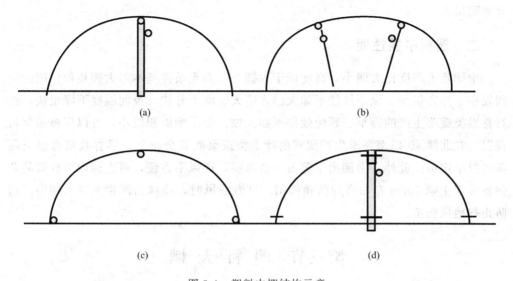

图 3-4　塑料中棚结构示意
(a) 单排支柱竹木结构中棚；(b) 双排支柱竹木结构中棚；
(c) 钢管骨架无柱中棚；(d) 钢筋骨架中棚

(1) 单排支柱竹木结构中棚　跨度 4～5m，高 1.5～1.8m。中间设一排立柱支撑一道横梁，每隔 3m 埋 1 根立柱。以竹竿或竹片作拱杆，拱杆间距 1m，弯成弧形，两端插入土中。在距棚面 20cm 处用竹竿或木杆把各立柱连成一体，提高拱架的牢固性。

(2) 双排支柱竹木结构中棚　跨度 5～6m。拱杆竹片规格较小或竹竿较细，增加 1 排支柱，以提高稳固性。其建造方法与单排中棚相同。

(3) 钢管骨架无柱中棚　用 4 分钢管作拱杆，按跨度 6m、高 1.8m 弯成弧形，10 个弧形钢管为 1 组，底脚用两根 $\phi 14$ 或 $\phi 16$ 钢筋连接，按 1m 距离焊接拱杆，顶部用 1 根 4 分钢管把每排钢管焊接成一个 $67m^2$ 的中棚。应用时可把 2 个或 3 个拱架连接在一起，扣成 100～200 m^2 的中棚。

(4) 钢筋中棚　跨度、高度与钢管中棚相同，用 $\phi 16$ 钢筋弯成弧形，在钢筋两端 10cm 处横向焊接 20m 长的 $\phi 14$ 钢筋，把拱杆两端插入土中 10cm 深，横钢筋起到防止拱杆下沉的作用。拱杆间距 1m，每根拱杆的中部向下焊一根 6～7cm 长的 4 分钢管，用一根 $\phi 16$ 钢筋插入钢管中，插入土中，贴地面也焊上横筋。在钢管中部钻孔，穿入钉子把立柱固定。各立柱间用一根 $\phi 16$ 钢筋连成整体。

2. 结构

中棚覆盖一整块薄膜，用压膜线，每两根拱杆间压一根压膜线，拴在地锚上。地锚用整块红砖，拴上 10# 铁丝，埋入土中 30cm 深，铁丝圈露出地面，以便于拴压膜线。中棚因面积较小，棚内不设通路和水道，也不用设置棚门，管理人员可揭开薄膜出入。

二、塑料中棚性能

中棚除了跨度比大棚小，高度低于大棚外，温光条件基本与大棚相似。因为空间较小，热容量少，保温性能不如大棚，晴天温度上升快，夜间温度下降也快。进行喜温类蔬菜生产的提早、延晚效果不如大棚。但中棚面积较小，可以用覆盖草苫保温，在北纬40°以南冬季生产耐寒的叶菜类蔬菜能安全越冬，早春栽培喜温类蔬菜可提早定植。此外，中棚由于覆盖一块薄膜，通风不方便，可在棚内靠底脚的两侧各覆盖1幅60cm左右高的薄膜围裙，早春通风时，冷风由围裙上进入棚中，可防止扫地风伤苗。

第三节 塑料大棚

塑料大棚是20世纪60年代中后期发展起来的园艺设施，用竹木、钢筋、钢管等材料支成拱形或屋脊形骨架再覆盖薄膜而成，一般占地300m² 以上，高2~3m，宽8~15m，长30~60m。与日光温室相比，具有结构简单，造价低，有效栽培面积大，土地利用率高，作业方便等优点；与小拱棚比，保温性能好，具有可提早或延迟进行蔬菜栽培，容易获得高产等优点。但是，大棚没有外保温设备，受外界影响较大，提早延迟受当地气候条件限制，与日光温室配套生产，才能实现周年供应。

一、塑料大棚的结构

1. 骨架结构

大棚的骨架是由立柱、拱杆（架）、拉杆、压杆（压膜线）等部件构成，俗称"三杆一柱"，如图3-5所示。

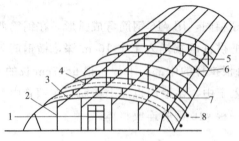

图3-5 竹木结构大棚示意

1—门；2—立柱；3—拉杆（纵梁）；4—吊柱；
5—棚膜；6—拱杆；7—压杆（压膜线）；8—地锚

（1）立柱 立柱是大棚的主要支柱，承受棚架、棚膜的重量及雨雪荷载和风压，由于棚顶重量较轻，使用的支柱不必太粗（直径6~7cm的杂木杆），但立柱的基部要以砖、石等作柱脚石，或用"横木"，以防大棚下沉或被拔起。立柱埋置深度50cm左右。钢铁骨架的大棚可取消立柱，而采用拱架负担棚顶的全部重量。

(2) 拱杆（架） 拱杆支撑棚膜的骨架，横向固定在立柱上，呈自然拱形。两端插入地下，必要时拱杆两端加"横木"，两个拱杆的间距为1m。依据拱架结构的不同，可分为以下三种类型（图3-6）。

① 单杆拱 用竹竿、钢筋、钢管作拱杆。

② 平面拱 上下弦 $\phi10\sim14$ 钢筋，腹杆（拉花）用 $\phi6\sim10$ 钢筋，上下弦间距 $20\sim30$cm。

③ 三角形拱架 由三根钢筋及腹杆焊接成立体桁架结构。

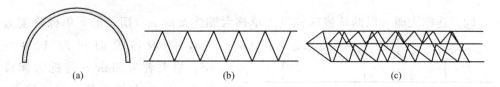

图3-6 拱架类型示意
(a) 单杆拱架；(b) 平面拱架；(c) 三角形拱架

(3) 拉杆（纵梁） 纵向连接立柱，固定拱杆，使整个大棚拱架连成一体。竹木结构大棚拉于立柱，钢架结构拉于下弦。竹木大棚可在拉杆上设小立柱支撑拱架，以减少立柱数量。

(4) 压杆（压膜线） 棚架覆盖薄膜之后，在两根拱杆之间加上一根压杆或压膜线，压成瓦垄状，以利抗风排水。

(5) 门窗 门设在大棚两端，作为出入口及通风口。门下部早春设底脚围裙，以防扫地风。通风窗即为扒缝放风的风口。

(6) 天沟 连栋大棚在两栋连接处的山谷部位要设立天沟。天沟是用水泥或钢板制成的落水槽，以排除雪水及雨水，天沟不宜过大，以减少棚内的遮荫面积。

2. 覆盖材料

塑料大棚以覆盖塑料薄膜为主，越夏栽培也可覆盖遮阳网、防虫网、无纺布等覆盖材料，以起到遮光、降温和防虫的作用。由于塑料大棚没有外保温覆盖，只能提前延后生产，生产效益低于日光温室，因此，可覆盖价格较低的普通聚乙烯（PE）薄膜和普通聚氯乙烯（PVC）薄膜。如覆盖质量较好的塑料薄膜，则可连续使用2～3年。

二、塑料大棚的类型

1. 根据棚头数量分类

(1) 单栋大棚 单栋大棚根据其屋面形状可分为以下三种（图3-7）。

① 落地拱 结构稳定，利于雨雪下滑，但棚两侧存在低效死角。

② 柱支拱　减少低效死角，但结构不稳，易吹坏，肩部棚膜易磨损。

③ 屋脊形　多用于早期的玻璃温室，现单栋温室很少采用。

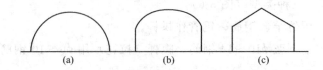

图 3-7　单栋大棚屋面形状示意
(a) 落地拱；(b) 柱支拱；(c) 屋脊形

(2) 连栋大棚　以两栋或两栋以上单栋大棚连接而成（图 3-8），单栋跨度为 4~12m，一般占地面积为 1000~6000m^2，最大者为 2hm^2。连栋大棚覆盖面积大，土地利用充分，棚温较高，且分布均匀、变化平缓，地温差距不大，棚边低温带所占比例小；棚内可进行小型机械化作业，便于规模化管理。但连栋大棚通风条件不好，容易造成高温多湿危害，加之清除雨雪困难，建造

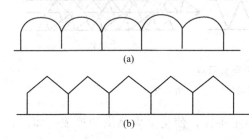

图 3-8　连栋大棚棚型示意
(a) 拱圆形；(b) 屋脊形

和维修难度大。因此，大棚的连栋数目不宜过多，跨度不宜过大。

2. 按骨架材料分

(1) 竹木结构大棚

① 多柱大棚　竹木结构大棚一般跨度 12~14m，高 2.2~2.4m，长 50~60m。通常以直径 3~6cm 的竹竿作拱杆，拱杆间距 1m，每根拱杆由 6 根立柱支撑，柱间距 2~3m，棚面呈拱圆形，两边立柱向外倾斜 60°~70°，以增加支撑力。立柱下边 20cm 处用拉杆纵向连接。扣膜后两个拱架之间用 8 号铁丝作压膜线。这种大棚的优点是取材方便，造价低，易建造。缺点是立柱太多，遮光严重，作业不便。如图 3-9 所示。

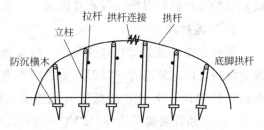

图 3-9　竹木结构多柱大棚示意

② 悬梁吊柱大棚　为减少立柱，可改每排拱架设 6 根立柱为每 3~5 排拱杆设 6 根立柱，不设立柱的拱杆在拱杆与拉杆之间设小吊柱支撑。悬梁吊柱大棚与多柱大棚的棚面形状、结构基本相同，不同之处是减少了 3/5~2/3 立柱，减少了遮光部分，又便于作业。这种类型的大棚应用较为普遍，如图 3-10 所示。

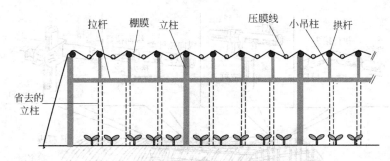

图 3-10　悬梁吊柱结构大棚纵切面示意

(2) 钢架无柱大棚　钢架无柱大棚一般跨度 8～12m，高度 2.5～3.0m，拱架间距 1m。拱架是用钢筋、钢管或两者焊接而成的平面桁架。拱架上弦用 $\phi16$ 钢筋或 6 分钢管，下弦用 $\phi12$ 钢筋，腹杆用 $\phi10$ 钢筋。骨架底脚焊接在地梁上，也可直接插入土中。下弦处用 $\phi14$ 钢筋作拉杆，将拱架连成整体，如图 3-11 所示。为了节省钢材，每 3m 设一带下弦的拱架，中间用 6 分镀锌钢管作拱杆，用两根 $\phi10$ 钢筋

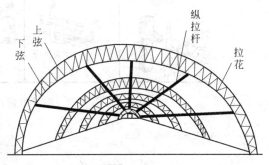

图 3-11　钢架无柱大棚示意

作斜撑，钢筋上端焊接在 6 分镀锌管上，下端焊接在纵向拉筋上。钢架结构大棚骨架坚固耐用，遮光部分少，作业方便，可增设天幕或扣小拱棚保温防寒，与竹木结构相比有很多优越条件，但造价高，一次性投资大。

(3) 装配式镀锌钢管大棚　钢管装配式大棚具有一定的规格标准，一般跨度 6～8m，高度 2.5～3.0m，长 20～60m，拱架是用两根管径 $\phi25$、管壁厚 1.2～1.5mm 的薄壁镀锌钢管对接弯曲而成，拱架间距 50～60cm，纵向用薄壁镀锌钢管连接。钢管内外热浸镀锌以延长使用寿命。骨架所有连接处都是用特制卡具、套管固定连接，覆盖薄膜用卡膜槽固定。这种大棚拱架重量轻、强度好、耐锈蚀，大棚中间无柱、采光好、两侧附有手动式卷膜器，作业方便，还可根据需要自由拆装，移动位置，改善土壤环境。同时其结构规范标准，可大批量工厂化生产。缺点是造价高。此类大棚在我国南方应用较多。钢管组装式大棚的结构如图 3-12 所示。

(4) 混合结构大棚

① 钢竹混合结构大棚　每隔 3m 左右设一平面钢筋拱架，用钢筋或钢管作为纵向拉杆，将拱架连成一体。在拉杆上每隔 1m 焊一短的立柱，采取悬梁吊柱结构形式，安放 1～2 根粗竹竿作拱架，建成无立柱或少立柱结构大棚。此类大棚为竹木结构大棚和钢架结构大棚的中间类型，用钢量少，棚内无柱，既可降低建造成

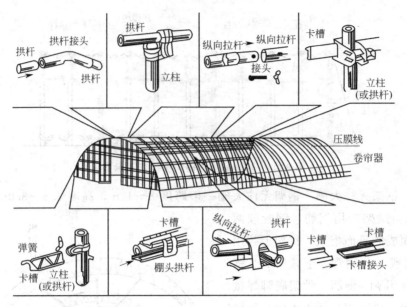

图 3-12　钢管组装式大棚结构

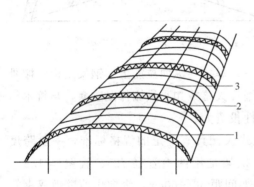

图 3-13　钢竹混合结构大棚
1—钢拱架；2—拉筋；3—竹竿拱架

图 3-14　水泥柱钢丝绳拉筋悬梁吊柱大棚

本，又可改善作业条件，避免支柱遮光，是一种较为实用的结构。如图 3-13 所示。

②拉筋吊柱大棚　一般跨度 12m 左右，长 40~60m，矢高 2.2m，肩高 1.5m。水泥柱间距 2.5~3m，水泥柱用 6 号钢筋或钢丝绳纵向连接成一个整体，在拉筋上穿设长吊柱支撑拱杆，拱杆用直径 3cm 的竹竿或竹片，间距 1m。优点是建造简单，用钢量少，支柱少，作业也比较方便。由于骨架坚固，夜间可以在棚上面盖草帘覆盖保温，提早和延迟栽培果菜类效果好。如图 3-14 所示。

(5) 玻璃纤维增强水泥骨架结构（GRC）大棚　拱架由钢筋、玻璃纤维、增强水泥、石子等材料预制而成。跨度一般为 6~8m，矢高 2.4~2.6m，长

30~60m。一般先按同一模具预制成多个搭架构件，每一构件为完整搭架长度的一半，构件的上方有两个固定孔。安装时，两根预制的构件下端埋入地中，上端齐、对正后，用两块带孔厚铁板从两侧夹住接头，将4枚螺丝穿过固定孔固定紧后，构成一完整的拱架，如图3-15所示。拱架间纵向用粗铁丝、钢筋、角钢或钢管等连成一体。GRC大棚的优点是坚固耐用，使用寿命长，成本较低；缺点是拱架搬运移动不便，需就地预制，装配或使用不当时拱架连接处较易损坏。

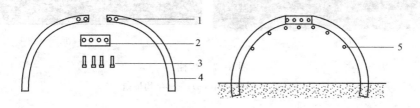

图3-15　玻璃纤维增强水泥骨架结构大棚
1—固定孔；2—连接板；3—螺栓；4—拱架构件；5—拉杆

（6）改良式大棚（桥棚）　传统的塑料大棚没有外保温覆盖物，因此，保温效果差，只能在早春和晚秋进行提前或延后生产。近年来，辽南地区的果农对大棚进行改良，在大棚顶部安装卷帘机架，向大棚的两侧卷放草苫，明显提高了早春棚内温度，如图3-16所示。利用改良式大棚栽培果树，果实较普通大棚提早成熟，取得了较好的经济效益。由于大棚顶部安装和操作卷帘机的部位像一道天桥，故称之为桥棚。桥棚有竹木结构、混合结构或钢架结构各种类型。此类大棚内部空间大，建造成本低于日光温室，特别适合于北纬40°及以南地区进行果树促成栽培。如图3-17所示。

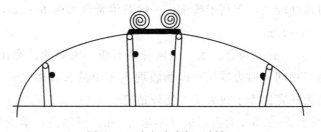

图3-16　改良式大棚（桥棚）

三、塑料大棚的设计规划

1. 大棚的设计

（1）大棚方位的确定　大棚多为南北延长，也有东西延长的。东西延长大棚采

图 3-17 桥棚
(a) 竹木结构桥棚；(b) 钢架结构桥棚

光量大，增温快，并且保温性也比较好，春季提早栽培的温光条件优于南北延长的大棚，但容易遭受风害，大棚较宽时，南北两侧的光照差异也比较大。南北延长的大棚，早春升温稍慢，早熟性差一些，但大棚的防风性能好，棚内地面的光照分布也较为均匀，有利于保持整个大棚内的蔬菜整齐生长。大棚应尽量避免斜向建造，以便于运输和灌溉。

(2) 大棚的规格尺寸

① 面积　单栋大棚的面积以 0.5~1.0 亩为宜，不超过 1000m²。

② 跨度　塑料大棚的跨度多为 8~15m。跨度太大通风换气不良，并增加了设计和建棚的难度。大棚内两侧土壤与棚外只隔一层薄膜，热量的地中横向传导，使两侧各有 1m 宽左右的低温带。大棚跨度越小，低温面积比例越大，所以北方冻土层较厚的地区，棚的边缘受外界影响大，大棚跨度较大；南方因为温度不是很低，跨度较小，棚面弧度较大，有利于排水。一般黄淮地区多为 6~8m，北京地区 8~10m，东北地区 10~12m。

③ 长度　以 30~60m 为宜。太长运输管理不便。大棚的长宽比与稳定性关系密切。大棚的面积相同，周边越长（即薄膜埋入土中的长度越大），大棚的稳定性就越好。通常认为长宽比等于或大于 5 比较适宜。

④ 高度　以 2.2~2.8m 为宜，最好不超过 3m。棚越高，承受的风荷载越大，越易损坏。

⑤ 高跨比　大棚高跨比即大棚的矢高与跨度的比值（f/l），落地拱和柱支拱的高跨比计算方法如图 3-18 所示。高跨比的大小影响拱架强度。相同的跨度，高度增加则棚面弧度大，高度降低则棚面平坦。大棚的高跨比以 0.25~0.3 为宜。低于 0.25 则棚面平坦，薄膜绷不紧，压不牢，易被风吹坏；同时，积雪也不能下滑，

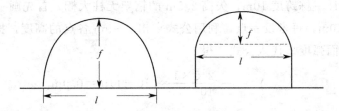

图 3-18 大棚高跨比的计算方法

f—矢高；l—跨度

降雨易在棚顶形成"水兜"，造成超载塌棚，且易压坏薄膜。超过 0.3，棚体高大，需建材较多，相对提高造价。

⑥ 拱架间距 两排拱架间距越小，棚膜越易压紧，抗风能力越强。但间距过小，会造成竹木大棚内立柱过多，增加了遮荫面积，不利于作业；钢架大棚浪费钢材。骨架间距过宽，会降低抗风雪能力。薄膜有一定的延展性，一般为 10% 左右，拉得过紧或过松，都会缩短棚膜的使用期，因此要有适当的间距。一般以 1~1.2m 为宜，竹木结构 1m 为宜，钢架结构 1.2m。这样的间距不仅有利于保证拱架强度，还有利于在棚内相应做成 1~1.2m 宽的畦，充分利用土地。管架大棚由于没有下弦，强度小，所以拱架间距多在 50~60cm 之间。

(3) 棚型设计

① 流线型棚型设计 大棚的棚型以流线型落地拱为好，压膜线容易压紧，抗风能力强。但是棚面不应呈半圆形，因为半圆形弧度过大，抗风能力反而下降，特别是钢拱架无柱大棚，其稳固性既取决于材质，也与棚面弧度有关。棚面构型愈接近合理轴线，抗压能力愈强（图 3-19）。所以设计钢架无柱大棚时，可参照合理轴线公式进行：

$$Y = \frac{4fx}{L^2}(L-x) \tag{3-1}$$

式中，Y 表示弧线点高；f 表示矢高；L 表示跨度；x 表示水平距离。

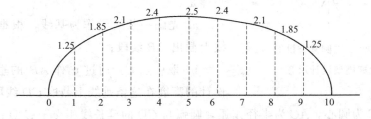

图 3-19 调整后的流线型大棚棚型示意

例如，设计一栋跨度10m，矢高2.5m的钢架无柱大棚，首先画一条10m长的直线，从0~10m，每米设一点，利用公式求出0~9m各点的高度，把各点的高连接起来即为棚面弧度。代入公式，得

$$Y_1 = \frac{4 \times 2.5 \times 1}{10^2} \times (10-1)\text{m} = 0.9\text{m}$$

$$Y_2 = \frac{4 \times 2.5 \times 2}{10^2} \times (10-2)\text{m} = 1.6\text{m}$$

$$Y_3 = \frac{4 \times 2.5 \times 3}{10^2} \times (10-3)\text{m} = 2.1\text{m}$$

$$Y_4 = \frac{4 \times 2.5 \times 4}{10^2} \times (10-4)\text{m} = 2.4\text{m}$$

$$Y_5 = \frac{4 \times 2.5 \times 5}{10^2} \times (10-5)\text{m} = 2.5\text{m}$$

依据以上公式可依次求出 Y_6 为 2.4m，Y_7 为 2.1m，Y_8 为 1.6m，Y_9 为 0.9m。这样棚面弧度稳固性好，但是两侧比较低矮，不利于高棵作物的栽培和人工作业，因此需要在计算结果的基础上进行调整。调整的方法是取 1m 处和 9m 处的高度进行调整，取 Y_1 和 Y_2 的平均值 1.25m 为其高度，同样，取 Y_2 和 Y_3 的平均值，将 2m 和 8m 处提高到 1.85m。其他各位点保持不变。如图 3-19 所示。

② 三圆复合拱形大棚棚型设计　该棚型是由一个大圆弧和两侧各一个半径相等的小圆弧连接而成。与流线型棚型相比，它给棚两侧创造了更为宽敞的作业空间。这种棚型稳定性好，造价低，空间利用率高，所用的骨架材料最好使用钢管。

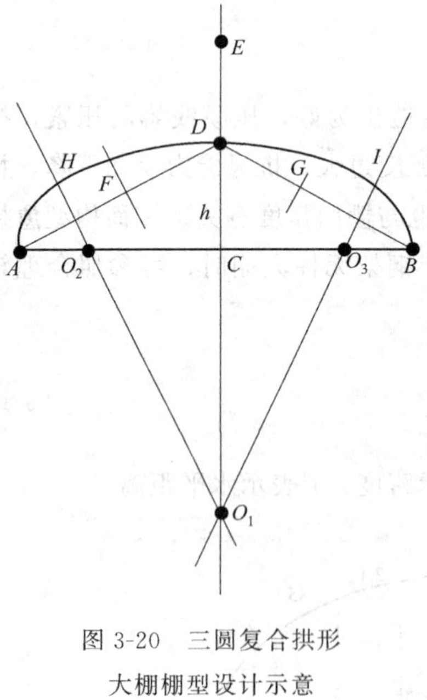

由于这种棚型应用较广，所以简要介绍其放大样的步骤和方法。如图 3-20 所示为按照跨度 10m、矢高 2.5m 做出的棚面基础弧线。其步骤是：

a. 先画一条线段作为基线，根据跨度在基线上截出 AB 线段；

b. 取中点 C，通过 C 作 AB 的垂线，根据设计的高度在这条垂线上截取 CD 线段；

c. 以 C 为圆心，AC 为半径作弧，圆弧与 CD 的延长线相交于 E 点；

d. 通过 A、D、B 作两条辅助线 AD、BD；以 D 为圆心，以 DE 为半径画圆

图 3-20　三圆复合拱形大棚棚型设计示意

弧，圆弧分别与 AD、BD 相交于 F、G；

e. 从 AF 和 BG 的中点分别作垂线，垂线和 CD 的延长线相交于 O_1，与 CA、BC 分别相交于 O_2、O_3；

f. 以 O_1 为圆心，O_1D 为半径作弧线，分别与 O_1O_2、O_1O_3 的延长线相交于 H、I，获得了大棚上段的基础弧线；

g. 再分别以 O_2、O_3 为圆心，O_2A、O_3B 为半径作弧，弧线分别终止于 H、I 点，又分别获得了下段的基础弧线，如此形成的 $AHDIB$ 即为大棚棚面的基础弧线。

2. 大棚的规划布局

（1）场地的选择　设施生产是一项高投入高产出的事业，需要调整土地，合理规划，选择的地方必须各方面条件都适合建造大棚、温室的要求，才能获得较好的效益。

① 光照　设施生产主要靠太阳辐射能，其既是光源，又是热源，因此必须阳光充足。需选择开阔平坦的矩形地块，或坡度小于 10°的阳坡。温室南侧没有山峰、树林或高大建筑物遮荫。

② 土壤　土质肥沃、土层厚，有机质含量高的壤土、砂壤土，且地下水位低的地块。地下水位高，地温上不来，高湿易发病，土壤易发生次生盐渍化。

③ 水源　设施生产需要人工灌溉，要求靠近水源，水量丰富，水质好。

④ 风　园艺设施属轻型结构，不抗强风，避免在风口地带建造，四周设置防风用风障，主要考虑当地季风风向。

⑤ 污染　上风头或水源上游避免有污染源，如水泥厂、造纸厂、制砖厂等。并且近期也不会出现较大的污染源。

⑥ 运输　交通方便，距居民区、市场近，以便于产品的销售。

⑦ 能源　进电方便，线路简捷，保障供应。最好能利用地热、工厂余热对设施进行加温。

⑧ 基础牢固，地基坚实　新填地块和易下沉地块不宜建造温室大棚。

（2）棚群的排列　棚群排列因地形、地势和面积大小而有不同。可采取对称、平行或交错排列。一般两棚东西侧距为 1.5～2m，这样便于揭底脚膜放风，避免互相遮光。并挖好排水沟，以便及时排除棚面流下来的雨水。棚头与棚头之间的距离为 3～4m，这样便于运输和修灌水渠道。棚群四周要夹风障，东南西三面风障距棚 2m，北侧 1.5m。进风面要稍高一些，背风方向可以矮一些。棚群和温室、阳畦配套，统一规划布局，以便于运输和管理。统一规划时，温室要配置在最北边，其次是大棚群，阳畦在最南边。如图 3-21 所示。

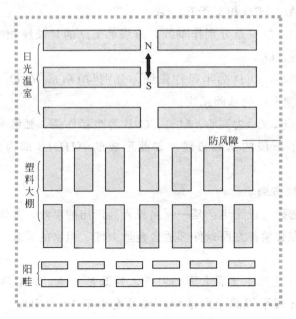

图 3-21　温室大棚棚群整体规划示意

四、大棚的建造

1. 竹木结构塑料大棚的建造

（1）整地放线　应在秋季土地封冻前进行，建棚的场地首先丈量好，整平、用绳拉出四边。

（2）埋立柱　首先确定埋立柱的位置，每排 6 根立柱（中柱、腰柱、边柱各两根），同一排立柱之间距离要根据棚的宽度平均分布，纵向每排距离 1m，使立柱坑横向成列，纵向成行。位置确定后，用石灰点标记。如图 3-22 所示。根据标记挖 40cm 深的坑，上口直径 35cm、底 25cm。立柱用直径为 6~7cm 的硬杂木，长 2.2~2.8m。埋柱前先把立柱上端锯成三角形豁口，豁口下 5cm 处钻眼，以便固定拱杆。立柱下端钉一根长 20cm 的横木，防止下沉和拔起。立柱埋入土中的部分涂沥青防腐，埋紧、夯实，立牢。先立中柱，再立腰柱和边柱，依次降低 20cm，以便形成拱形。边柱向外倾斜成 70°角，以增加拱架的支撑力。埋立柱的位置，高度要准确，培土后捣实。

（3）绑拱杆、上拉杆　可用直径 4~5cm 粗、长 5~6m 的竹竿，长度不够可用 2~3 根竹竿连接在一起，拱杆架在立柱的豁口里卡住，用铁丝穿过豁口下的孔绑牢。拱杆两侧要插入土中 30cm 深。如图 3-23 所示。

选直径 5~6cm、长 2~3mm 的杂木杆，绑在距立柱顶端 25~30cm 处，使整个棚架连成一体。

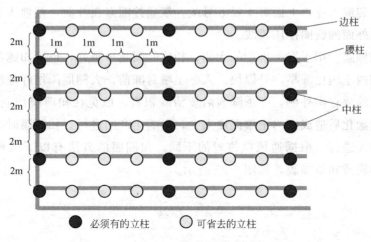

图 3-22 跨度为 12m 的大棚立柱位置示意

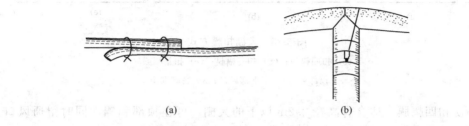

图 3-23 立柱与拱杆的绑接方法
(a) 拱杆绑接法；(b) 立柱与拱杆绑接法

(4) 悬梁吊柱骨架 竹木结构大棚，减少 3/5～2/3 立柱，用小吊柱代替，称为悬梁吊柱。小吊柱用直径 4cm、长 25cm 的细木杆，两端 4cm 处钻孔，穿过细铁丝，上端拧在拱杆上，下端拧在拉杆上。悬梁吊柱大棚的规格、结构与竹木结构多柱大棚完全相同，不同之处是减少了立柱后，必然加重拉杆和立柱的负担，需要适当增加立柱和拉杆粗度。如图 3-24 所示。

(5) 埋地锚 在大棚外侧，两排拱架之间，离棚 0.5m 处，挖 50cm 深的坑，

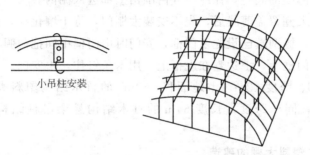

图 3-24 竹木结构悬梁吊柱大棚骨架安装示意

埋入石块、砖或木棒，上面绑1根8号线，铁丝拧圈露在外面，把埋入土中的地锚夯实。留在外面的线圈拴压膜线。

(6) 扣棚膜　用于春季生产的大棚，扣膜时间越早越好，也可扣越冬棚，这样翌年春季棚内土壤化冻早，升温快。入冬土壤封冻前，大棚周围挖好埋塑料薄膜的沟，取出土堆放在沟外侧，冬季降雪后要清除积雪，以免在扣薄膜作业时不方便，还会因积雪融化后造成棚内土壤湿度太大，影响生产的进行。扣棚膜时，应选无风或微风的晴天进行。根据通风口位置的不同，扣棚膜的方法有以下三种：扣四幅膜、扣三幅膜或扣整幅膜，如图3-25所示。

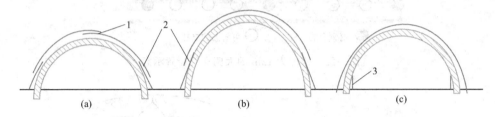

图3-25　大棚扣膜方式
(a) 扣四幅膜；(b) 扣三幅膜；(c) 扣整幅膜
1—顶部风口；2—下部风口；3—底脚围裙

① 扣四幅膜　适合脊高在2.2m以下的大棚，可在顶部和侧面同时留通风口。先将1.5m宽的一幅薄膜的一边卷入麻绳，烙合成小筒，盖在拱架两侧的下部，两侧拉紧固定后用细铁丝固定在每个拱杆上，作为底裙，薄膜下部埋入沟中踩紧。再把另外两大幅薄膜盖在上部，中间搭接处，也烙成小筒装入拉力较强的麻绳。下部超过围裙30～40cm，两端拉紧埋入沟中踩实。每两个拱架间压一条8号铁丝作压膜线，用紧线器拉紧。

② 扣三幅膜　棚面较高，顶部通风困难，可扣三幅薄膜。除了两侧盖围裙外，上部再盖一整块薄膜，下边延过围裙30～40cm，然后上压膜线。

③ 扣整幅膜　盖整幅薄膜时，必须在棚内拱架两侧架上1m高的薄膜围裙，通风时揭开两侧薄膜的底脚，让冷空气由围裙上部进入棚内。

(7) 安门　大棚覆盖薄膜后，先不安装大棚门，待土壤化冻，开始耕种时再安门。设置骨架时，棚两端已设立了门框，安门时由门框中间把薄膜切开"工"字形口，把两边卷在门框上，上边卷在上框上，用木条钉住，再安门。

建长度55m、跨度12m、占地面积660m² 的竹木结构塑料大棚所需的建造材料详见表3-1。同样跨度，长度54m的竹木结构悬梁吊柱结构大棚用料表见表3-2。

2. 钢架无柱塑料大棚的建造

以跨度10m，矢高2.5m，长66.7m的钢管无柱大棚为例。

表 3-1 竹木结构多柱大棚用料表

材　料	规格/cm	单位	数量	用　途
木杆	280×5	根	112	中柱
木杆	250×5	根	112	腰柱
木杆	190×5	根	112	边柱
木杆	400×4	根	84	拉杆
木杆	25×3	根	336	柱脚横木
竹竿	600×4	根	112	拱杆
竹片	400×4	根	56	底脚拱杆
木杆	400×4	根	28	底脚固定拱杆
塑料绳		kg	4	绑拱杆
细铁丝	16#	kg	3	绑拱杆,穿围裙
钉子	10	kg	4	钉横木
铁丝	8#	kg	50	压膜线
聚乙烯薄膜	0.01	kg	110	覆盖棚面
红砖	24×11.5×5.3	块	110	拴地锚
门框	170×70	副	2	
木板门	170×70	扇	2	

表 3-2 竹木结构悬梁吊柱大棚用料表

材　料	规格/cm	单位	数量	用　途
木杆	280×6	根	38	中柱
木杆	250×6	根	38	腰柱
木杆	190×6	根	38	边柱
木杆	400×5	根	84	纵向拉杆
木杆	25×4	根	114	柱脚横木
竹竿	600×4	根	112	拱杆
木杆	20×4	根	216	小吊柱
竹片	400×4	根	56	底脚拱杆
木杆	400×4	根	28	底脚固定拱杆
细铁丝	16#	kg	2	固定拉杆小吊柱
铁丝	8#	kg	50	压膜线、地锚
钉子	10	kg	3	钉横木
塑料绳		kg	4	绑拱杆,穿围裙
聚乙烯薄膜	0.01	kg	110	覆盖棚面
红砖	24×11.5×5.3	块	110	拴地锚
门框	170×70	副	2	
木板门	170×70	扇	2	

(1) 拱架焊制　用 6 分镀锌管作拱杆,按拱架间距离 1m 计算,需 67 根,其中有 23 根需要带下弦的加固桁架,下弦用 $\phi 12$ 钢筋,腹杆(拉花)用 $\phi 10$ 钢筋焊成。另外 44 根为单杆拱架,用 $\phi 10$ 钢筋作斜撑。以事先设计好的弧度为桁架上弦,做成胎具,焊制各片桁架。

(2) 浇地梁　在大棚两侧浇筑 10cm×10cm 混凝土地梁,在地梁上预埋角钢,以便于焊桁架和拱杆。在每两根拱杆中间的地梁角钢上,焊上φ5.5的钢筋圈,以便于拴压膜线。大棚两端各埋4个地锚,作为焊棚头立柱之用。

(3) 安装拱架 先将棚两端和中部的3排桁架支起,底脚焊在地梁预埋铁块上。然后用4分钢管5道作纵向拉筋,均匀分布焊在桁架下弦上。再把镀锌钢管拱杆按1m间距焊在地锚上。在纵向拉筋上,用φ10钢筋作斜撑,连接拉筋和拱杆或桁架上弦,将全棚骨架连成一个结构稳定的整体。否则平面桁架或单杆拱架易失去平衡,遇大风天气,易被吹歪倒塌。拉筋和斜撑安装形式如图3-26所示。

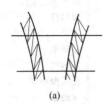 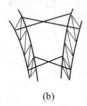 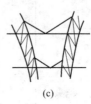 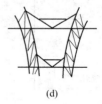

(a)　　　　　　　　(b)　　　　　　　　(c)　　　　　　　　(d)

图 3-26　钢架结构大棚的拉筋安装形式
(a) 平行式;(b) 交叉式;(c) 斜交式;(d) 加固斜交式

建1亩地的钢架无柱大棚所需的建造材料详见表3-3。

表 3-3　钢架无柱大棚用料表

材　料	规格	单位	数量	用　途
钢管	4分[①]×12.5m	根	23	桁架上弦
钢管	6分×12.5m	根	44	拱杆
钢筋	φ12×12.0m	根	23	桁架下弦
钢筋	φ10×13.0m	根	23	拉花
钢管	4分×67m	根	5	拉筋
钢筋	φ12×0.35m	根	660	斜撑
钢筋	φ8×66m	根	4	地梁筋
钢筋	φ5×0.4m	根	132	箍筋
水泥	325#	t	0.5	浇地梁
砂子		m³	1	浇地梁
碎石	2～3cm	m³	2	浇地梁
塑料薄膜	0.1mm	kg	110	覆盖棚面
铁线	8#	kg	50	压膜线
细铁丝	16#	kg	2	绑线
门		扇	2	

① 1分=0.33cm。

3. 拉筋吊柱大棚建造

拉筋吊柱大棚是用水泥预制柱代替木杆立柱的悬梁吊柱大棚,与竹木结构悬梁吊柱大棚的区别,除立柱外,拉杆用钢筋代替木杆或竹竿,可一次建成使用几年不需维修。

(1) 埋立柱 水泥预制柱规格有 7cm×7cm、8cm×8cm 或 10cm×10cm 等规格，立柱为正方形，里边用 2 号盘条或 3 根 8 号铁丝，也可以用 3～4 根竹竿做加强筋。混凝土按水泥、河砂、石子为 1∶1∶2 或 2∶2∶5 配制。长度与木杆相同。预制柱底脚带底座，以防下沉。立柱顶端 25cm 留出穿钢筋孔，顶端留 4cm 缺刻，便于安装拱杆和拉筋，如图 3-27 所示。

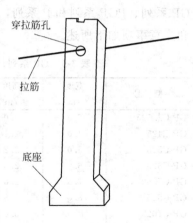

图 3-27 水泥预制柱

(2) 骨架安装 埋立柱的方法与竹木结构大棚相同，两端的立柱要深埋，并向外倾斜。两对中柱距离 2m，中柱至腰柱 2.2m，腰柱至边柱 2.2m，边柱至棚边 0.6m。纵向每 3m 设一排立柱，用 6 条 ϕ6 钢筋穿过拉筋孔拉紧，两端固定在预制柱上，作为纵向拉筋。用 4cm 粗、25cm 长的木杆作小吊柱，两端钻孔，用细铁丝穿透，下端拧在拉筋上，上端拧在拱杆上。拱杆的安装与竹木结构大棚相同。竹竿拱杆担在立柱和小吊柱上。

在跨度 12m 的大棚里，以横断面看也是共设 6 排立柱，左右对称排列，其他拉杆、吊杆、拱杆的设置方法与竹木结构塑料薄膜大棚一样。长度 57m，跨度 12m，占地面积 648m² 的拉筋吊柱大棚的用料表见表 3-4。

表 3-4 拉筋吊柱大棚用料表

材 料	规格/cm	单位	数量	用 途
水泥柱	260×10	根	40	中柱
水泥柱	220×10	根	40	腰柱
水泥柱	170×10	根	40	边柱
钢筋	ϕ6×57m	根	6	纵向拉筋
竹竿	600×4	根	116	拱杆
竹片	400×4	根	58	底脚拱杆
木杆	25×4	根	228	小吊柱
木杆	400×4	根	58	底脚固定拱杆
塑料绳		kg	4	绑拱杆，穿围裙
细铁丝	16#	kg	3	固定拉杆小吊柱
铁丝	8#	kg	50	压膜线、地锚
钉子	10	kg	3	钉横木
聚乙烯薄膜	0.01	kg	120	覆盖棚面
红砖	24×11.5×5.3	块	114	拴地锚
门框	170×70	副	2	
木板门	170×70	扇	2	

4. 装配式镀锌钢管大棚的建造

装配式镀锌薄壁钢管大棚骨架是由工厂生产的定型产品，其中使用较多的有

GP 系列、PGP 系列和 P 系列,其技术参数见表 3-5。用户可就近选购,安装步骤和注意事项如下所述。

表 3-5　GP 系列、PGP 系列以及 P 系列大棚主要技术参数

型号	宽度/m	高度/m	长度/m	肩高/m	拱间距/m	拱架管径、管壁/mm
GP-C2.525	2.5	2.0	10.6	1.0	0.65	$\phi 25 \times 1.2$
GP-C425	4.0	2.1	20.0	1.2	0.65	$\phi 25 \times 1.2$
GP-C525	5.0	2.2	32.5	1.0	0.65	$\phi 25 \times 1.2$
GP-C625	6.0	2.5	30.0	1.2	0.65	$\phi 25 \times 1.2$
GP-C7.525	7.5	2.6	44.4	1.0	0.60	$\phi 25 \times 1.2$
GP-C825	8.0	2.8	42.0	1.3	0.55	$\phi 25 \times 1.2$
GP-C1025	10.0	3.0	51.0	0.8	0.50	$\phi 25 \times 1.2$
PGP-C5.0-1	5.0	2.1	30.0	1.2	0.50	$\phi 20 \times 1.2$
PGP-C5.5-1	5.5	2.5	30~60	1.5	0.50	$\phi 20 \times 1.2$
PGP-C6.5-1	6.5	2.5	30~50	1.3	0.50	$\phi 25 \times 1.2$
PGP-C7.0-1	7.0	2.7	50.0	1.4	0.50	$\phi 25 \times 1.2$
PGP-C8.0-1	8.0	2.8	42.0	1.3	0.50	$\phi 25 \times 1.2$
P222C	2.0	2.0	4.5	1.6	0.65	$\phi 22 \times 1.2$
P422C	4.0	2.1	20.0	1.4	0.65	$\phi 22 \times 1.2$
P622C	6.0	2.5	30.0	1.4	0.50	$\phi 22 \times 1.2$

(1) 定位测量　在整平夯实的地基上,确定大棚四个角为直角,并在此埋定位桩。在同侧的两个定位桩之间,沿地表拉轴线,在轴线上方 30cm 处再拉一道水准线。

(2) 安装拱管　先在全部拱管下端标出安装记号,记号至管脚的距离等于插入土中深度与水准线距地面高度之和。再沿大棚一侧的轴线按确定的拱间距标出安装孔位置,用与拱管粗度相同的钢钎或短钢管向地下打出所需深度的安装孔。然后将每个拱架的两端分别插入两侧已凿好的安装孔内,使拱管上安装记号对准水准线,以保证拱管高度一致,最后将拱管四周的土夯实。

(3) 安装纵向拉杆、压膜槽和棚头　安装卡具时宜用木锤,且敲时不能用力过猛,以免卡具变形。用铁丝绑时一定要绑牢。纵向拉杆或压膜槽有接头时应尽量错开,不要使其出现在同一拱架间。纵向拉杆和卡槽应平直,不能有严重的扭曲。棚头(门墙)应在安装纵向拉杆和压膜槽(卡槽)前竖好,作棚头的两副拱架宜采用吊线的方法使其保持垂直。

(4) 安装棚门　门框内侧应与门同宽,装门时应使门和门框相重叠,其下端宜靠近地面,不能有太大的间隙,否则在使用时会关闭不严,影响大棚的保温性能。

5. GRC 大棚的建造

(1) 放样挖脚洞　按照棚向与宽度拉线放样,大棚四角成直角,然后每隔 1.1m 挖一脚洞,洞底向外倾斜 15°,深 40cm,口径 15cm×15cm,如土质松要在

洞底垫废砖。

(2) 搭拱架　先在大棚两头和中间搭 3 副标准拱架，在其棚顶拉一中心线来确保高度相同，在大棚两侧围裙膜处拉线，以保证左右一致，如棚较长应多竖几个标准拱架来保证安装质量。然后竖其他拱架，将每副棚架的 2 根拱架竖起来接合，对准螺丝预留孔，并使高度及左右均和标准拱架相一致，如不一致应予以调整。此时切勿穿入螺丝，更不能将其旋紧，否则接头处极易断裂。调整好后才能旋紧螺丝，以后只能做稍微调整，不能做很大移动。拱架入土部分要填实压紧，且与地面垂直。

(3) 装纵向拉杆　安装时边竖拱架边装纵向拉杆，使拱架与地面垂直，不能有倾斜，否则牢度差，拱架易断裂。棚顶的纵向拉杆要求强度高，最好用钢管，以确保棚体牢固；两侧的纵向拉杆则可用细竹竿等加以固定。

(4) 安装棚头和门　棚头必须垂直于地面，可用竹木或钢材加以固定，连接拱架一端要绑牢，埋入土中部分应压实，务必使棚头牢固。门宜装在棚头中央，以便于操作管理。

五、大棚的应用

塑料大棚由于其造价低、见效快，在全国各地广泛应用。主要用于早春育苗和反季节栽培。早春在大棚内安装电热温床，再辅以多层覆盖，可用作培育果树、蔬菜、花卉等园艺植物的幼苗，以便提早定植。在北方寒冷地区，大棚没有外保温设备，不能越冬生产，但是可进行蔬菜的提前延后栽培，经济效益较高。在南方气候温暖的地区，利用塑料大棚可进行园艺植物的越冬栽培。

技能训练 1　小拱棚的建造

目的要求　能根据需要计算出不同规格的小拱棚所需材料，并学会架设小拱棚骨架和覆盖棚膜。

材料用具　作拱架用竹片或竹竿；铁丝、压膜线等；作支柱用的木棍；塑料薄膜；皮尺或测绳，剪刀，钢卷尺；常用农具。

训练内容

(1) 布置任务

① 在日光温室内设置跨度为 1m、长度为 10m 的小拱棚，用于育苗。

② 露地设置跨度为 2m、长度为 15m，有立柱支撑，用于春季短期覆盖栽培的小拱棚。

(2) 方法步骤

① 选择棚址，确定方位　经过实地调查，根据温室的实际情况选择温光条件

较好的位置建造小拱棚；露地则应选择地势平坦、背风向阳、无遮荫的耕地建小拱棚。根据周围环境确定小拱棚的方位和走向。

② 计算和预算　根据拟建造小拱棚的规格，确定小拱棚的拱高、拱架间距等参数，绘出草图；计算所需骨架材料和棚膜用量；调查市场，做出资金预算。

③ 骨架安装　安装前整理检查所需材料，将竹片或木杆上的枝杈等去除，防止损伤棚膜。然后根据草图在地上画好施工线，然后将拱杆两端插入或挖坑埋入地下，以牢固为度，拱的大小和高度要一致。2m跨度的小拱棚支好拱架后，要在中间设一排立柱，用铁丝将立柱和拱架绑牢。最后将所有锋利的接头处都用布包好。

④ 扣棚膜　选择晴暖无风的上午扣棚膜，先固定小拱棚的一端，然后拉紧棚膜向前平铺，同时要将两侧棚膜埋入土中。露地扣的小拱棚应在拱架两侧设地锚，用于拴压膜线，如图3-28所示。

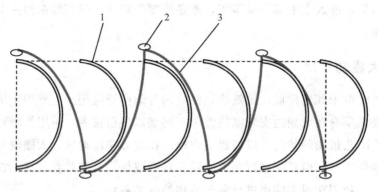

图 3-28　小拱棚压膜线的安装
1—拱架；2—地锚；3—压膜线

课后作业　连续1周分别于早、中、晚观测小拱棚内的温度，并记录数据，分析总结。

考核标准

(1) 正确选择建造小拱棚的场地和方位；(10分)

(2) 建棚材料计算和预算准确，设计草图可行；(20分)

(3) 按要求完成骨架安装；(30分)

(4) 按要求覆盖棚膜，安装压膜线；(20分)

(5) 完成课后作业。(20分)

技能训练2　塑料大棚结构性能调查

目的要求　通过实地调查，了解当地塑料大棚的主要类型，掌握其规格尺寸和结构参数；了解大棚的建造材料的种类、用量及造价，调查不同类型大棚的性能差异和应用情况，为独立设计建造大棚奠定基础。

材料用具　皮尺、钢卷尺、游标卡尺、测量绳、直尺、计算器、绘图用纸等；不同类型的塑料大棚。

训练内容

（1）布置任务　实地考察各种类型的塑料大棚，测量当地有代表性的1~2种类型的规格尺寸和结构参数，计算所需建材及造价，综合其性能及应用情况，指出哪种类型的大棚更适合当地设施园艺生产，并说明理由。

（2）方法步骤

① 考察不同类型的大棚，了解其性能及应用情况。

② 确定生产中应用较好的1~2种类型，测量其规格尺寸和结构参数（包括塑料大棚的长度、跨度、矢高，各排立柱的高度与间距、拱架间距等），根据所得数据绘制大棚的平面图、横切面图和纵切面图。

③ 调查大棚的骨架材料规格、用量及造价，列出材料用量表。

课后作业　综合造价和性能等各项因素，指出哪种类型大棚最适合当地生产，并说明理由。

考核标准

（1）调查认真，记录完整；（20分）

（2）绘图规范，数据真实、准确；（30分）

（3）材料规格、用量、造价等调查结果准确；（30分）

（4）认真完成作业，且论证充分。（20分）

技能训练3　塑料大棚的设计

目的要求　能正确选择棚址，合理确定大棚的面积、长度、跨度、高度、高跨比等参数；掌握棚型设计方法，能粗略计算出建材用量和成本。

材料用具　铅笔、直尺、计算器、设计图纸等。

训练内容

（1）布置任务　请设计1栋适合当地园艺植物（果树、蔬菜、花卉均可）生产使用的钢架结构塑料大棚，并编制用料表，计算原材料成本。

（2）方法步骤

① 考察棚址　在教师组织下到实训基地或周边农村，考察适合建棚的场地，拟选定一块场地，并说明理由。

② 大棚设计参数的确定　根据所学知识和当地生产的实际情况，确定大棚的

占地面积、高度、跨度、长度、高跨比等参数,设计出合理的大棚弧形,并绘制设计图纸(包括纵切面、横切面和平面图)。

③ 编制材料表,计算材料成本　根据所设计的大棚,编制用量表,力求详尽、准确。并调查材料市场价格,估算材料成本。

④ 点评设计成果　选 5～10 名学生展示自己的设计图纸和用料表,由教师和其他同学进行提问和点评。

课后作业　根据课堂点评结果,修改设计图纸和材料表。

考核标准

(1) 选址合理,理由充分;(10 分)

(2) 各项设计参数均合理;(20 分)

(3) 材料准备细致,用量和估价准确;(20 分)

(4) 讲解流畅,答辩得当;(20 分)

(5) 完成设计图纸和用料表的修改。(30 分)

技能训练 4　棚膜的焊接与覆盖

目的要求　会测量和计算棚膜的用量,能根据塑料大棚的规格正确剪裁和焊接塑料薄膜;熟悉大棚膜覆盖的基本步骤并熟练完成大棚膜的安装与固定。

材料用具　塑料薄膜;皮尺或测绳、剪刀、钢卷尺;表面光滑,宽 5cm 的木棱或木架、电熨斗、导线、插座、与木棱等宽的硫酸纸条;环己酮粘合剂、小毛刷、干净棉布(适用于 PVC 棚膜);压膜线、钳子、铁锹、塑料绳、紧线器等。

训练内容

(1) 布置任务　现有 1 栋塑料大棚骨架,欲用于蔬菜春早熟栽培,请为该大棚覆盖棚膜。

(2) 方法步骤

① 测量和计算

a. 棚架的测量　测量大棚的长度、跨度、高度、拱杆长度。

b. 计算棚膜的长度和宽度　根据上述测量结果,计算出能够完全覆盖大棚表面所需棚膜的长和宽(包括埋入土中部分)。以扣三幅膜为例,每幅底裙宽度 1.5m,长度略长于大棚长度即可。顶部整块薄膜的长度为大棚长度加两个棚头高度再加上两端埋入土中的长度约 2m,宽度等于拱杆弧长减去围裙高的 2 倍再加上 60cm,这样的宽度,覆盖后顶部棚膜两侧可延过底脚围裙 30cm。然后根据所用棚膜的单位面积质量,计算出所要扣的大棚应需多少棚膜,并根据棚膜价格,做出资金预算。

② 剪裁和连接

a. 棚膜的剪裁　根据风口的位置确定剪裁几幅棚膜，长宽分别是多少。测好尺寸后用剪刀裁好，准备焊接。剪裁前考虑棚膜的延展性。

b. 棚膜的连接

ⓐ 热粘合法　各种类型的棚膜均可采用此法焊接。首先将需要粘在一起的两块薄膜的两个边重叠置于木棱上，两边押平。再把硫酸纸条平铺在重合的薄膜上，手持加热好的电熨斗平稳、匀速地在铺好的纸条上熨烫，然后将纸条揭起，检查粘合效果。如此一段接一段地重复，将两幅薄膜粘在一起。

ⓑ 化学粘合法　如果是PVC棚膜可以用环己酮专用粘合剂粘合。将棚膜剪裁好后，把需要粘合的棚膜在干净地面和桌面上铺好，边缘用小毛刷涂一薄层粘合剂，刷胶的宽度与毛刷等宽；然后将另一幅薄膜对齐盖在已刷过胶的棚膜上，用干净棉布抹平擦净。两幅棚膜即粘合到一起。

除根据需要粘合整幅棚膜外，注意风口的上下边应卷入塑料绳粘合在一起，以防今后通风时被撕裂。将焊接好的棚膜卷好后妥善保管，防止虫鼠咬坏。

③ 扣棚前的准备

a. 大棚的清理检修　扣棚前对棚架进行清理和检查，对已损坏的部位进行维修，对不牢固的地方进行加固；对骨架的所有锐利接头进行包缠；检查地锚是否完好。

b. 准备好各种用具　准备好压膜线、塑料绳、钳子、紧线器等用具。如安装卡槽的大棚，清理好卡槽和卡簧。

c. 挖棚沟　将大棚四周挖出小沟，扣棚时将大棚膜的四边埋在沟里并准备好压膜四周用的土。

④ 棚膜的安装和固定　选择晴暖无风的上午进行扣棚。

a. 确定正反面　如果使用的是PE或EVA无滴膜，需先确定正反面。

b. 上底裙　如大棚两侧设通风口，要先上底裙。用塑料绳或卡簧将底裙上端固定在拱架上，下端埋入土中踩实。

c. 上顶棚　将已焊接好、捆好的大棚膜，顺着大棚延长方向，放在上风头一侧。先将棚头一侧底边压住，再把棚膜运至棚顶，向大棚另一侧拉。拉的时候要求进度一致，速度不要太快，避免弄破棚膜。棚架顶端盖好后，校正棚膜位置。

d. 固定棚膜　先将顶棚的棚膜在棚头的一端埋入事先挖好的沟内固定，把棚膜纵向充分拉紧，再把另一端埋好。

⑤ 上压膜线　在两个拱架之间上一压膜线，充分压紧或拉紧后，将其固定在大棚的地锚上。如果扣棚过程中突然起风，不要急于拉紧棚膜，应先上压膜线，防止棚膜被风刮起，待风停后或以后选择晴好天气，再重新将压膜线松开拉

紧棚膜。

课后作业 总结棚膜焊接和覆盖过程中的关键技术。

考核标准

(1) 认真测量，并正确计算出棚膜用量；(20 分)

(2) 正确剪裁和连接棚膜，且质量高、速度快；(20 分)

(3) 仔细做好扣棚前的准备工作；(20 分)

(4) 保质保量完成棚膜覆盖任务；(30 分)

(5) 完成课后作业。(10 分)

资料卡　　　　　　　　**园艺设施新模式**

巨型大棚是我国中原地区农民根据多年的种植经验，在塑料拱棚的基础上，独创的一种新型园艺设施。巨型大棚多为竹木结构，以水泥预制柱作柱脚。占地面积 $1\sim1.5hm^2$，棚体高且宽大，操作方便，单位面积土地投资最少，容易形成规模种植、实行专业化生产。

一、巨型大棚的特点

与普通单栋塑料大棚比较，巨型大棚具备以下特点：占地面积大，并且不受地块走向限制，土地利用率高，便于规模化和产业化生产；棚体高大，棚内空间大，操作方便，可以进行多层覆盖，保温性能优于普通大棚，延长了采收期，从而增加效益；由于边沿地区所占比例较小，小气候环境条件稳定；坚固耐用，建棚采用武夷山的竹竿和风钩相结合，棚体抗风、抗压能力较强，可抵御 8 级阵风。

二、巨型大棚的结构形式

巨型大棚的结构多采用取材广泛的竹竿，每个棚的跨度 $20\sim90m$ 不等，长度因地块而定，高度 $2.6\sim3.5m$。立柱间距 $1.2\sim1.3m$，立柱行距 $1.9\sim2.2m$ 不等，拱杆搭建在立柱之上，立柱用纵横竹竿连接，使之成为一个整体，立柱固定于下部预制好的水泥柱脚上。膜外用 $8^{\#}\sim10^{\#}$ 钢丝压膜，早春多采用二膜、三膜或四膜覆盖，外膜多采用聚乙烯防老化无滴膜，内膜采用无滴地膜。

三、巨型大棚的生产模式

巨型大棚生产多采用一年两茬生产制度，即"早春"和"秋延"茬。早春茬一般以黄瓜为主，2 月上旬定植于棚内，采取三膜覆盖，7 月初结束。越夏秋延茬以种番茄为主，7 月上旬定植，11 月底结束。还可以采取早春番茄或秋延番茄栽培模式或早春黄瓜加越夏菜豆，菜豆生长末期套种西兰花模式，以及早春黄瓜、越夏叶菜加西芹等三茬栽培模式。

本 章 小 结

　　单栋塑料大棚根据骨架材料可分为竹木结构大棚、钢架无柱大棚、钢管装配式大棚和钢竹混合结构大棚。竹木结构大棚的骨架结构由"三杆一柱"组成，钢架无柱大棚和钢管装配式大棚则取消了立柱。大棚的设计包括确定大棚的建造方位、规格尺寸和合理的棚型。竹木结构的大棚建造可分为整地放线、埋立柱、绑拱杆、上拉杆、埋地锚、覆盖棚膜、安门等步骤，钢架无柱大棚建造则可分为焊接桁架、浇筑地梁、焊拱架、焊纵梁等步骤。

　　塑料中棚的结构和性能与大棚相似，只是规格小于塑料大棚。小拱棚取材方便，投资少，见效快，应用较广。由于小拱棚空间较小，对温度的缓冲能力较差，使用时注意掌握先放顶风、后放底风、再放对流风的原则。

复习思考题

1. 塑料大棚由哪些部分组成？试绘出竹木结构大棚示意图，并说明各部分的主要作用。
2. 试比较单栋大棚和连栋大棚性能上的差异。
3. 试比较落地拱和柱支拱的优缺点。
4. 根据骨架材料，塑料大棚可分为哪几种类型？简述各类型的结构特点和性能上的优缺点。
5. 试比较东西延长的大棚和南北延长的大棚的优缺点。
6. 简述单栋大棚的主要规格尺寸。
7. 设计一高2.8m，跨度12m的钢架无柱大棚，如何确定大棚棚面弧度？
8. 建造温室、大棚应如何选择场地？
9. 大棚群规划时应注意哪些问题？
10. 简述竹木结构大棚的建造步骤。
11. 简述钢架结构大棚的建造过程。
12. 塑料中棚的设置和性能有哪些特点？
13. 塑料小拱棚如何放风？

园/艺/设/施

第四章 温 室

目的要求 了解温室常见类型及其规格、结构；掌握高效节能日光温室的设计及建造方法；掌握现代化温室的结构及主要生产系统及其作用。

知识要点 日光温室的主要类型；日光温室的采光设计、保温设计及温室群的整体规划；日光温室的建造步骤；现代化温室的主要生产系统及作用。

技能要点 日光温室的设计规划；日光温室棚膜覆盖和草苫的安装。

第一节 日 光 温 室

日光温室是由围护墙体、后屋面和前屋面三部分组成，前屋面采用透明覆盖材料，以太阳辐射能为热源，具有蓄热及保温功能，可在冬春寒冷季节不需人工加温或极少量人工加温的条件下进行蔬菜生产的栽培设施。它具有结构简单、造价较低、节省能源等特点，是我国特有的园艺植物栽培设施。日光温室各部位名称及主要参数名称如图 4-1 所示。

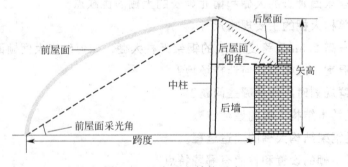

图 4-1 日光温室结构示意

一、日光温室的主要类型

近十几年来，我国推广和使用的节能日光温室种类很多，目前还没有科学、系统的分类方法。日光温室在我国发展历史悠久，近年来，在原有传统温室类型的基础上，又出现了一些新型日光温室。下面分别列举几种有代表性的温室类型加以介绍。

1. 传统日光温室

(1) 长后坡矮后墙半拱形日光温室 这类温室的特点是后坡长、后墙矮,以河北永年县的日光温室为代表,因此又称为"永年式日光温室"。多为竹木结构,跨度 5～6m,矢高 2.6～2.8m,后屋面投影 2.0～2.2m,由柁和檩构成,檩上铺秫秸箔,铺旧薄膜,抹草泥防寒保温。后墙高 0.6～0.8m,厚 0.6～0.7m,后墙外培土。前屋面为半拱形,由支柱(中柱、腰柱、前柱)、横梁、拱杆构成,如图 4-2 所示。这类温室的优点是取材方便,造价低。后坡仰角大,冬季室内光照好,后坡长,保温能力强。缺点是采光面短,长后坡下面光照弱,特别是春秋两季由于太阳高度角比较大,后坡下形成的弱光带较宽,土地利用率低,后墙较矮,作业不方便。

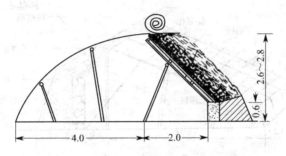

图 4-2 长后坡矮后墙半拱形日光温室(单位:m)

(2) 短后坡高后墙半拱形日光温室 这种温室是在总结长后坡矮后墙日光温室优缺点基础上加以改进的。跨度 6m,矢高 2.8m,后墙高 1.8m 以上,后屋面水平投影 1.2～1.5m,仰角 30°以上,如图 4-3 所示。这种温室由于加长了前屋面,缩短了后坡,提高了中脊的高度,采光面加大,透光率显著提高,有利于温室白天的增温蓄热,可在一定程度上弥补夜间保温能力的不足。再加上提高了土地利用率和方便室内作业,冬季也能进行果菜类生产等原因,推广面积较大。

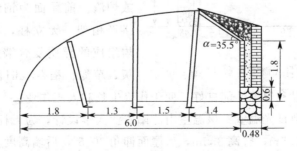

图 4-3 短后坡高后墙砖混合墙体竹木结构日光温室示意(单位:m)

(3) 一斜一立式日光温室 最具代表性的一斜一立式日光温室是瓦房店琴弦式日光温室,20 世纪 80 年代初期由辽宁省瓦房店地区菜农创造。一般跨度 7m,矢高 3～3.3m，前立窗高 0.8m，屋面与地面夹角 21°～23°，后坡长 1.5～1.7m，水平投影为 1.2m，后墙高 2.0～2.2m，水泥预制中柱，后坡高粱秸箔抹草泥。前屋面每隔 3m 设一道加强桁架，加强桁架用木杆或 3 寸钢管做成。在桁架上按 30～40cm 间距横拉 8#线，两端固定在山墙外的地锚上，在每个桁架上固定，使前屋面呈琴弦状。在 8#线上按 75cm 间距，用直径 2.5cm 的竹竿作拱杆，用细铁丝把竹竿拧在 8#线上，用细竹竿作压杆压膜，如图 4-4 所示。这种温室的特点是空间大，后坡短，土地利用率高。更由于国内冬春茬黄瓜首先在这种温室取得成功并获得持续高产高效益，故使这一构型温室在较短时间内得以推广。缺点是采光性能不如半拱圆形温室，前屋面采光角度进一步增加有困难，前底脚低矮，作业不便。

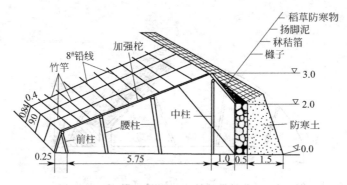

图 4-4 一斜一立式日光温室结构示意（单位：m）

（4）鞍Ⅱ型日光温室 鞍Ⅱ型日光温室是在吸收各地日光温室优点的基础上，由鞍山市园艺研究所设计的一种无柱结构的日光温室（图 4-5）。跨度 6m，矢高 2.7～2.8m，后墙高 1.8m，后屋面水平投影为 1.4m，仰角 35°。墙体为砖砌空心墙，内填 12cm 厚的珍珠岩或炉渣。前屋面为钢结构一体化半圆拱形桁架，无立柱，后墙为砖与珍珠岩组成的异质复合墙体，后屋面由木板、草泥、稻草、旧薄膜等复合材料

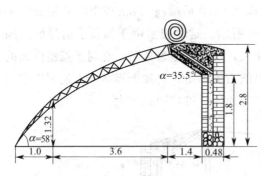

图 4-5 鞍Ⅱ型日光温室示意（单位：m）

构成。采光、增温和保温性能良好，便于作物生长和人工作业。

（5）辽沈Ⅰ型日光温室 该温室由沈阳农业大学设计，为无柱式第二代节能型日光温室。跨度 7.5m，脊高 3.5m，后屋面仰角 30.5°，后墙高度 2.5m，后坡水平投影长度 1.5m，墙体内外侧为 37cm 砖墙，中间夹 9～12cm 厚聚苯板，后屋面钢骨架上依次为喷塑纺织布一层、2cm 厚松木板、9cm 厚聚苯板，再用细炉渣内掺 1/5 白灰找平拍实，最上层用 C20 细石砼作防水层，内配 $\phi 3 @ 150$ 双向钢筋网，

以防出现裂缝。拱架采用镀锌钢管，配套有卷帘机、卷膜器、地下热交换等设备。由于前屋面角度和保温材料等优于鞍Ⅱ型日光温室，因此其性能较鞍Ⅱ型日光温室有较大提高，在北纬42°以南地区，冬季基本不加温即可进行育苗和生产喜温性园艺植物（图4-6）。

(6) 熊岳Ⅲ型日光温室 由辽宁农业职业技术学院设计制造的一种无柱拱圆形结构的日光温室。跨度7.5m，脊高3.5m，后坡水平投影长度1.5m；后墙和山墙为37cm厚砖墙，内加12cm珍珠岩；后坡由2cm厚木板、一层油毡、10cm厚聚苯板、细炉渣、3cm厚水泥及防水层构成；骨架为钢管和钢筋焊接成的桁架结构。该温室温光效应均优于鞍Ⅱ型等第一代节能日光温室，在室外最低温度为-22.5℃时，室内外温差可达32.5℃左右，在北纬41°以南地区可周年进行育苗和水果、蔬菜冬季生产，在北纬41°以北地区严寒季节和不良天气时，进行辅助加温也可取得很好的生产效果（图4-7）。

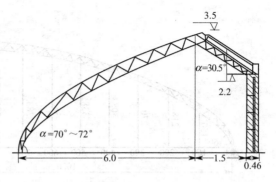

图4-6 辽沈Ⅰ型日光温室结构示意（单位：m）

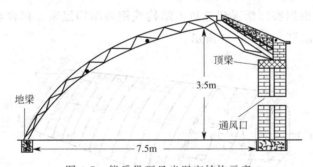

图4-7 熊岳Ⅲ型日光温室结构示意

(7) 寿光示范冬暖式大棚 由于其为寿光蔬菜科技示范园内的标准温室，故当地群众称之为寿光示范冬暖大棚。矢高4m，室内地面比室外低0.4m，后墙高度从室内量为2.8m，从室外量为2.4m，后屋面水平投影0.8m，仰角45°，温室跨度为10m，由钢管作中柱，长度一般为60.5~77.5m。后墙底宽3.0m，顶宽1.4m，用室内的生土层夯成，外面用砖和砂浆砌墙皮，外侧用水泥板封护。在后墙中部东西向每3m设一通风管，由内径40cm的两根水泥制井管连接而成，管中心距棚内田面上下垂直距离160cm，距棚外地面120cm，如图4-8所示。这种温室的特点是前屋面采光面大，采光性能特别好，在温室空间较大的情况下，受光后升温也很快。加之棚内地面低，后墙体厚度大，故贮热保温性能特别好。由于后墙内设通风

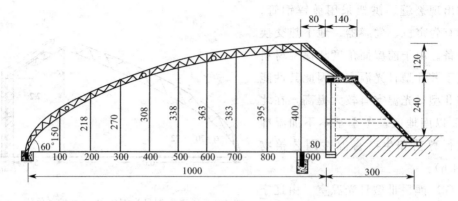

图 4-8 寿光示范冬暖式大棚（单位：cm）

管，便于春夏秋季通风调温。

2. 新型温室

(1) "四位一体"生态型温室 此温室以土地为基础，以太阳能为动力，以沼气为纽带，将日光温室、猪舍、沼气池、蔬菜全封闭地连在一起，在温室内建造养猪舍，猪舍下建沼气池，猪粪和垃圾进入沼气池，产生的沼气供农户生产生活所需，沼液和沼渣作为上好的无公害肥料在温室内蔬菜上施用，温室内蔬菜的下脚料供猪食用，形成一个小的良性循环生态系统。沼气池采用砖、水泥砌筑或混凝土浇筑而成，温室可根据实际情况建造竹木结构或钢砖结构温室。猪舍与蔬菜田之间由带换气孔的山墙隔开。如图 4-9 所示。

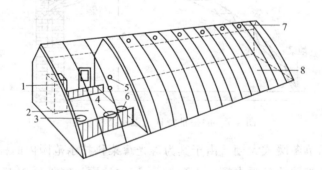

图 4-9 "四位一体"生态型温室结构

1—厕所；2—猪圈；3—进料口；4—沼气池；5—通气口；6—出料口；7—沼气灯；8—蔬菜田

(2) 阴阳型日光温室 阴阳型日光温室是在传统日光温室的北侧，借用（或共用）后墙，增加一个同长度但采光面朝北的一面坡温室，两者共同形成阴阳型日光温室（图 4-10）。采光面向阳的温室称为阳棚，采光面背阳的温室称为阴棚。这种形式的温室，其阴棚正好利用了传统日光温室保证前后间距的空地，使日光温室的土地利用率得到总体提高，而且在阴棚外覆盖保温材料也可以使阴棚内的温度较室外温度有很大提高，这使得一方面阴棚内可以生产适宜的作物；另一方面对阳棚的后墙起到了隔热和阻挡风雪侵害的作用，阴棚内的高温实际上减少了阳棚后墙的传热温差，有利于提高阳棚的温度或在保证阳棚一定温度要求的前提下，可以从建筑上减少阳棚后墙的厚度，从而降低温室建设的工程造价。

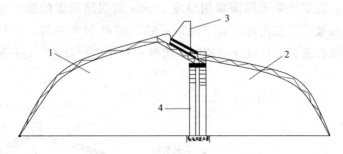

图 4-10 阴阳型温室侧剖面示意
1—阳棚；2—阴棚；3—共用卷帘机；4—共用后墙

（3）新型内保温组装式温室 该温室由辽宁农业职业技术学院研制。温室脊高3.8m，跨度11m，长60m，保温效果介于温室和桥棚之间。此温室采用内保温模式，利用新型高分子复合材料加工成腔囊保温被，重量轻，保温效果好。保温被与薄膜之间设定一定距离，保温被沿着龙骨弧度上下运行。温室采用 V 字形龙骨，压膜线压在 V 字形槽口内。薄膜与龙骨紧密吻合，温室表面薄膜平整，有利于采光和薄膜清洗。温室骨架及内部设施均为组装式，建造快捷，拆卸方便。其优点是无建筑污染、土地利用率高、节省能源、抗灾能力强、建造使用方便、造价较低，有利于工业化生产和产业化操作。温室的内景和外景如图 4-11 所示。

图 4-11 可移动组装式内保温温室
(a) 温室内景；(b) 温室外景

（4）双连栋温室 其为黑龙江农业机械工程科学研究院研制的一种新型温室。温室主体结构尺寸为南北跨度 13.2m，东西长度 80m，温室总面积约 1056m²，屋顶高 5.5m，后墙高 4.2m，后墙厚 0.5m，山墙最高点高 5.6m，雨槽高 3.6m，柱间深 4m，前屋面采光角 36°55′，整个温室内部视野开阔、操作空间大，温室结构如图 4-12 所示。此温室的优点是采光、保温性能好，土地利用率高，节约土建成本 30%~40%，有利规模化生产。温室围护墙体采用复合墙体结构，后坡采用聚苯保温彩钢板，温室的采光屋面采用厚度 10mm 的双层聚碳酸酯中空板覆盖，温室外部覆盖保温被。温室内部配备了通风系统、湿帘-风机系统、帘幕系统、加温系统、施肥灌溉系统和计算机分布控制系统等自动化生产设备，是一种具有特色的智能温室。

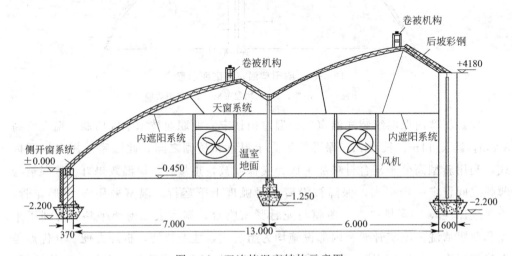

图 4-12 双连栋温室结构示意图

二、日光温室的采光设计

日光温室的热能来自太阳辐射，太阳光透入温室内，由短波光转为长波光，产生热量，提高温度。透入的太阳光越多，升温效果越好。采光设计就是确定日光温室的方位、前屋面采光角、高度、跨度等参数，使前屋面在白天最大限度地透入太阳光，满足作物光合作用的需要，提高室内的气温和地温。

1. 温室方位的确定

方位俗称"向口"，即日光温室透光面的朝向。日光温室东西延长，前屋面朝南，有利于接受阳光。方位正南，正午时太阳光线与温室前屋面垂直，透入室内的太阳光最多，强度最高，温度上升最快，对作物光合作用最有利。根据地理纬度不同，温室可采用不同的最佳方位角。北纬 40°左右地区，日光温室以正南方位角比较好。北纬 40°以南地区，以南偏东 5°比较适宜，太阳光线提前 20min 与温室前屋面垂直，温度上升快，作物上午光合作用强度最高，南偏东 5°，对光合作用有利；北纬 40°以北地区，由于冬季外温低，早晨揭苫较晚，则以南偏西 5°为宜，这样太阳光线与温室前屋面垂直延迟 20min，相当于延长午后的日照时间，有利于高纬度日光温室夜间保温。

2. 前屋面采光角

（1）基本概念

① 前屋面采光角 α　又称屋面角，即透明覆盖物平面与地平面的夹角。半拱形温室从温室最高点向前底脚连成一条斜线，与地面的交角为前屋面采光角，一斜一立温室计算采光角应由高度减去前立窗高度，也就是从前立窗上端引平行线与斜线的交角。如图 4-13 所示。

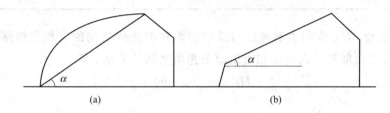

图 4-13　前屋面采光角示意图
(a) 半拱形日光温室；(b) 一斜一立式日光温室

② 太阳高度角 H_0　太阳高度角是太阳直射光线与其在地平面上水平投影间的交角。H_0 在一天中每时每刻都在变化着。日出时为 0°，以后逐渐增大，正午时最大，之后又逐渐减小，到日落时又变为 0°。在一天中，以地方时正午为准，上下午各对应时刻的 H_0 相等。H_0 在一年中也在变化着。在北半球，冬季 H_0 小，冬至日最小，春秋季居中，夏季 H_0 大，夏至日最大。任意纬度、任意季节、任意时刻的太阳高度角可由下列公式计算：

$$\sin H = \sin\phi\sin\delta + \cos\phi\cos\delta\cos t \tag{4-1}$$

式中，t 表示太阳位置与当地真午时的偏角，即时角，在真午时（地方时 12 点整）取 $t=0$，上午取负值，下午取正值，每小时转 15°；ϕ 表示地理纬度，计算时北半球取正值，如北京为 39°54′，用 39°54′N 表示；δ 表示太阳赤纬（太阳所在纬度），在夏半年即太阳位于赤道以北时取正值（如夏至日 $\delta=23.5°$），在冬半年太阳位于赤道以南时取负值（如冬至日 $\delta=-23.5°$），位于赤道时 δ 取值为 0°（春分和秋分日）；δ 不同，温室所在位置的 H_0 不同，δ 是随季节变化的，不同季节，δ 不同（表 4-1）；H 表示任意时刻太阳高度，$H<0$ 意味着太阳在地平线以下即夜间。

在任意地理纬度（ϕ）、任意节气（δ）正午时，即太阳正位于当地子午面时的太阳高度角 H_0 可用下列公式计算：

$$H_0 = 90° - \phi + \delta \tag{4-2}$$

③ 法线　与透明覆盖物平面垂直的线。

表 4-1 季节与赤纬

季节	日期	δ
夏至	6月21日	$+23°27'$
立夏	5月5日	$+16°20'$
立秋	8月7日	
春分	3月20日	$0°$
秋分	9月23日	
立春	2月5日	$-16°20'$
立冬	11月7日	
冬至	12月22日	$-23°27'$

④ 入射角 H_i 太阳直射光线与透明覆盖物的法线之间的夹角。根据图 4-14，可推导出太阳高度角、入射角和前屋面采光角之间的关系，即

$$H_0 + H_i + \alpha = 90° \tag{4-3}$$

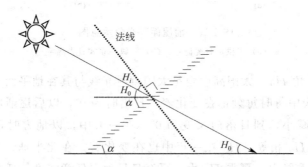

图 4-14 太阳高度角、入射角和屋面角之间的关系

(2) 入射角与透光率的关系 阳光照射到薄膜屋面上以后，一部分被薄膜吸收，一部分反射，大部分透入室内。我们把吸收、反射和透过的光线强度与入射光线强度的比分别叫做吸收率、反射率和透过率。它们三者的关系是：

$$吸收率 + 反射率 + 透过率 = 100\% \tag{4-4}$$

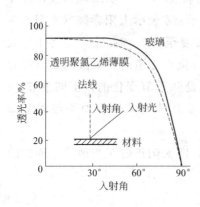

图 4-15 入射角与透光率的关系

对于某种薄膜来说，它对入射光线的吸收率是一定的。因此，光线的透过率就决定于反射率的大小。只有反射率小，透过率才高。反射率的大小与光线的入射角大小有直接关系。由图 4-15 可见，太阳光线入射角越小，覆盖物的透光率越高，进光量就越多，设施内温度就越高。当入射角为 0°时，即太阳光垂直射到薄膜或玻璃上时，覆盖物的透光率最大，设施进光量最多。此时透光率为 90% 左右。因为不论入射角多小，干净玻

璃或塑料薄膜吸光率总为10%。但入射角与透光率之间并不是简单的直线关系，当入射角小于40°或45°时，覆盖物的透光率变化不大，与入射角为0°时只相差百分之几。这一特性非常重要，是设计温室前屋面采光角的重要依据。当入射角大于40°或45°时，透光率明显下降；大于60°时，透光率急剧减少；入射角为85°时，透光率只有50%左右；入射角为90°时，透光率为0。

上述规律仅适用于平板玻璃和塑料薄膜，对于毛玻璃、纤维、反光幕、散射光膜、红外线膜等特殊薄膜不完全适用，不可机械照搬。

（3）屋面角设计思路　设计屋面采光角时，应根据温室的主要使用季节或使用季节里最低温时间的 H_i 为依据，H_i 越小，透光率越大。一年中冬至日（12月22日）是 H_0 最小的一天，只要温室的采光角在此日能满足室内的采光要求，那么冬至前后其他季节温室的透光率都能满足要求。H_i 是由 H_0 和 α 决定的。任何纬度地区正午时 H_0 都可根据下面公式计算：

$$H_0 = 90° - \phi + \delta \tag{4-5}$$

① 理想屋面角　入射角（H_i）越小，透入温室内的太阳光越多，当前屋面与太阳光线垂直时，即 $H_i = 0$ 时，阳光透过率最高。因此，我们把冬至日正午时阳光入射角 $H_i = 0$ 时的屋面角称为理想屋面角（图4-16）。即

理想屋面角　$\alpha = 90° - H_0 - H_i = 90° - (90° - \phi + \delta) = \phi - \delta$ 　　(4-6)

例如，欲在北纬40°的熊岳地区建一栋冬至前后使用的温室，其理想角应是多少？根据公式 $\alpha = \phi - \delta$，由表4-1可知，冬至日 δ 约等于 $-23.5°$，则

$$\alpha = 40° - (-23.5°) = 63.5°$$

可见，理想屋面角在建造日光温室时并不实用。如果按理想屋面角建造日光温室，前屋面非常陡峭，抗风压能力差，遮荫严重，且表面积大，散热快，既浪费建材，又不利于保温和管理。

② 合理屋面角　根据 H_i 与透光率之间的关系，当 $H_i \leqslant 40°$，透光率下降较少，所以采用40°入射角为设计参数进行采光设计，就可以保证有较高的透光率，以冬至日正午时 $H_i = 40°$ 设计的屋面角称为合理屋面角（图4-16）。

合理屋面角

$$\alpha = 90° - H_0 - H_i$$
$$= \phi - \delta - 40°$$
$$= 40° - (-23.5°) - 40°$$
$$= 23.5°$$

③ 合理采光时段屋面角　20世纪90年

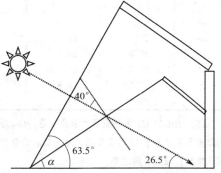

图4-16　理想屋面角和合理屋面角

代以来,各地日光温室的生产实践表明,在日照百分率高、冬季很少阴天地区,按合理屋面角设计建造的日光温室,在气候正常的年份,效果较好,一旦气候反常容易出问题。在低纬度地区,特别是冬季阴天较多的地区,温光性能不理想。为此,全国日光温室协作网专家组经过深入考察研究后,发现上述设计理论忽略了太阳高度角和入射角的日变化,致使温室在冬至前后,只有正午时才能达到合理的采光要求($H_i \leqslant 40°$),午前和午后均不合理($H_i > 40°$)。据此,专家们提出合理时段采光理论,即从10时至14时,4个小时内太阳入射角都不大于40°。

按照合理采光时段,屋面角 α 的计算公式为

$$\sin\alpha = \sin(50° - H_{10})\cos 30° \tag{4-7}$$

$$\sin H_{10} = \sin\phi\sin\delta + \cos\phi\cos\delta\cos 30°$$

式中,α 表示合理采光时段屋面角;H_{10} 表示冬至日上午10时的太阳高度角;$50° - H_{10}$ 为修正冬至上午10时太阳高度角降低后的合理屋面角;30°表示上午10时太阳的时角。

合理采光时段屋面角与合理屋面角比较,从北纬33°~43°之间,分别增加10.71°~11.24°,可保证10时至14时阳光的入射角 $H_i \leqslant 40°$,且不影响保温和正常管理。简便算法为当地纬度减6.5°,即北纬40°地区以33.5°适宜,最小不小于30°。低纬度日照百分率低的地区,必须按合理采光时段屋面角设计;高纬度地区,日照百分率高,可在合理屋面角的基础上适当增加5°~7°。不同纬度地区合理采光时段屋面角的设计见表4-2。

表4-2 不同纬度合理采光时段屋面角设计

北纬	H_0	H_{10}	α_0	$50° - H_{10}$	α	$\alpha - \alpha_0$
32°	34.5°	27.53°	15.5°	22.47°	26.19°	10.69°
33°	33.5°	26.67°	16.5°	23.33°	27.21°	10.71°
34°	32.5°	25.81°	17.5°	24.19°	28.24°	10.74°
35°	31.5°	24.95°	18.5°	25.05°	29.27°	10.77°
36°	30.5°	24.09°	19.5°	25.91°	30.30°	10.80°
37°	29.5°	23.22°	20.5°	26.78°	31.35°	10.85°
38°	28.5°	22.35°	21.5°	27.65°	32.40°	10.90°
39°	27.5°	21.49°	22.5°	28.51°	33.45°	10.95°
40°	26.5°	20.61°	23.5°	29.39°	34.52°	11.02°
41°	25.5°	19.74°	24.5°	30.26°	35.58°	11.08°
42°	24.5°	18.87°	25.5°	31.13°	36.65°	11.15°
43°	23.5°	17.99°	26.5°	32.01°	37.00°	11.24°

注:表中的 H_0 为冬至日太阳高度角,H_{10} 为冬至日上午10时太阳高度角,α_0 为合理屋面角,$50° - H_{10}$ 为修正冬至上午10时太阳高度角降低后的合理屋面角,α 为合理采光时段屋面角,$\alpha - \alpha_0$ 为合理采光时段屋面角与合理屋面角之差。

一斜一立式温室前立窗的高度与屋面角关系密切,一般前立窗高0.8m,在

跨度和高度不变的情况下，抬高前立窗就降低了屋面角，降低前立窗就提高屋面角。

以合理屋面角设计的日光温室称为第一代节能日光温室，按合理采光时段设计的日光温室称第二代节能日光温室。

3. 采光屋面形状

（1）多折式温室　此类温室前屋面是由一个或几个平面组成的直线型屋面。前屋面的底角坡度可按照理想屋面角确定，中部主要采光面的坡度应按照合理屋面角确定，顶部坡度要求不小于10°，以15°左右为宜，否则顶面坡度太小，容易积水，卷放草苫也不方便。

（2）拱圆形温室　此类温室前屋面是由一个或几个曲面组成的曲线型屋面。常见拱圆形屋面有椭圆面、抛物面和圆-抛物面组合等形状。其曲线计算如图4-17所示，设温室中脊高为LB，内跨线上中脊垂点至前底脚长为LA，坐标原点设在LA、LB交点O上，LB设为y轴，LA设为x轴，则圆面方程为：

$$x^2+(y+R-LB)^2=R^2, \quad R=(LB^2+LA^2)/2LB \tag{4-8}$$

椭圆面方程为

$$x^2/LA^2+y^2/LB^2=1 \tag{4-9}$$

抛物面方程为

$$y^2=LB^2/LA(LA-x) \tag{4-10}$$

圆-抛物面组合曲线方程为：

$$y=\begin{cases} LB\sqrt{1-x/LA} & 0\leqslant x\leqslant 3/5LA \\ \sqrt{R^2-x^2}+LB-R & \left(3/5LA\leqslant x\leqslant LA, R=\dfrac{LA^2+LB^2}{2LB}\right) \end{cases} \tag{4-11}$$

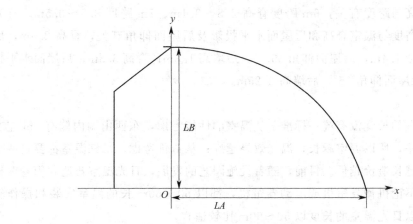

图4-17　温室坐标取法

将上述方程式编入计算机程序，再输入当地的地理纬度值，就可以求出不同高度、跨度下各种屋面形状温室内的太阳辐射率。该理论模拟计算结果与实测值是一致的，据鞍山市园艺研究所观测：同是跨度为7m，中脊高3m的温室，一斜一立式的冬季透光率为55.9%，圆拱形为60.3%。

4. 后屋面仰角

即后屋面与水平线的夹角。后屋面仰角大小与温室内后部的光照有密切关系，仰角小后屋面平坦，后屋面在最寒冷的冬至前后见不到太阳光，温度上升慢；仰角过大，温度虽然上升快，但后屋面陡峭，不便于管理。日光温室后屋面的仰角应为冬至日正午时太阳高度角再增加 $5°\sim 7°$。以北纬 $40°$ 地区为例，冬至日的太阳高度角为 $26.5°$，再加 $5°\sim 7°$，应为 $31.5°\sim 33.5°$，不超过 $35°$。后屋面倾角是由后墙高、后屋面水平投影长度等指标决定的。在设计时先确定温室的脊高、后屋面水平投影、后屋面仰角，然后再确定后墙的高度。

5. 跨度

从温室内后墙根到前底脚的距离为跨度。包括两部分，即前屋面水平投影和后屋面水平投影。确定温室的跨度必须考虑温室的高度与跨度所形成的采光角度，合理高跨比的值在 $0.5\sim 0.7$ 之间最为理想。此外，还要考虑地理纬度和气候条件，北纬 $40°$ 以北地区多为 6m 跨度；$40°$ 以南地区则为 $7\sim 7.5m$。后屋面水平投影的长短影响采光与保温效果，同样温室高度，水平投影越短，保温效果越不好；水平投影越长，保温性能也随之提高，但有效利用面积缩小。北纬 $40°$ 以北地区水平投影应达到 $1.4\sim 1.5m$，$40°$ 以南地区 $1.2\sim 1.3m$，$35°$ 地区 1m 左右。

6. 高度

包括温室脊高和后墙高度。温室最高透光点到水平地面的距离为温室脊高，也叫矢高。脊高与跨度有关，6m 跨度脊高 $2.8\sim 3.1m$，7m 跨度 $3.3\sim 3.5m$。日光温室后墙的高度与温室脊高和后屋面水平投影及后屋面仰角有关，脊高 2.8m，后屋面水平投影 1.4m，后屋面仰角 $35.5°$，后墙高 1.8m；脊高 3.3m，后屋面水平投影 1.5m，后屋面仰角 $35°$，后墙高 2.25m。

7. 长度

日光温室的长度没有统一标准。从温室的性能考虑，东西山墙内侧有 2m 左右温光条件较差，所以温室越长，温光效果越好；从造价考虑，每栋温室都要筑两个山墙，温室越长造价越低。目前，随着设施园艺的发展，日光温室普遍利用卷帘机卷放草苫，不论机械卷帘机或电动卷帘机，都以 $50\sim 60m$ 长的温室安装和操作较为方便，所以日光温室的长度以 $50\sim 60m$ 比较适宜。

根据不同地区的太阳高度角和优型日光温室应具备的特点，将不同纬度地区优型日光温室断面尺寸规格归纳于表 4-3，供参考。

表 4-3 不同纬度地区优型日光温室断面尺寸规格

地理纬度	温室型式	跨度/m	脊高/m	后墙高/m	后屋面水平投影长/m
43°	Ⅰ	7.5	3.7~4.0	2.2~2.5	1.6~1.7
	Ⅱ	7.0	3.5~3.8	2.2~2.5	1.5~1.6
	Ⅲ	6.5	3.3~3.6	2.0~2.3	1.4~1.5
	Ⅳ	6.0	3.0~3.4	1.8~2.1	1.3~1.4
41°~42°	Ⅰ	7.5	3.6~3.9	2.3~2.6	1.5~1.6
	Ⅱ	7.0	3.4~3.7	2.1~2.4	1.4~1.5
	Ⅲ	6.5	3.2~3.5	2.0~2.3	1.3~1.4
	Ⅳ	6.0	3.0~3.3	2.0~2.3	1.2~1.3
38°~40°	Ⅰ	8.0	3.7~4.0	2.5~2.8	1.4~1.5
	Ⅱ	7.5	3.5~3.7	2.4~2.7	1.3~1.4
	Ⅲ	7.0	3.3~3.5	2.3~2.5	1.2~1.3
	Ⅳ	6.5	3.1~3.3	2.2~2.3	1.1~1.2
	Ⅴ	6.0	3.0~3.2	2.0~2.2	1.0~1.1

三、日光温室的保温设计

1. 温室的升温原理

(1) 温室效应　园艺设施内热量的来源主要是太阳辐射，白天太阳光线（波长 300~3000nm）通过玻璃、薄膜等透明覆盖物入射到地表和后墙上，使地面和后墙温度升高；当夜间气温低于地温时，地面可释放热量使气温升高。玻璃、薄膜等透明覆盖物对不同波长的辐射具有选择性透过作用，既可让短波辐射透进设施内，又能防止设施内的长波辐射透出设施而散失于大气中，从而使温度升高。温室效应表示在没有人工加温的条件下，园艺设施内获得或积累太阳辐射能，从而使园艺设施内的气温高于外界气温的一种能力。

(2) 密闭效应　园艺设施是一个相对密闭的空间，内外空气交换弱，使蓄积的热量不易散失。

2. 温室热量支出途径

热传递包括传导（存在温差，分子传递传热）、对流（气体、液体的流动传热）和辐射（电磁波传热）三种方式。温室作为一个整体系统，各种传热方式往往是同时发生的，彼此经常是连贯的，是某种放热过程的不同阶段，形成热贯流。

(1) 贯流放热　热量透过覆盖材料或围护结构而散失叫做温室表面的贯流放热量。如图4-18所示，这种贯流放热是几种传热方式同时发生的，它的传热过程主要分三步：首先由于地面和空气升温，并且温度比温室内表面高，所以地面和空气中的热量分别以辐射和对流的形式被带到温室内表面 A，内表面温度升高，在内外表面之间形成温差，从而以传导的方式，将 A 表面的热量传至 B 面。由于外表面

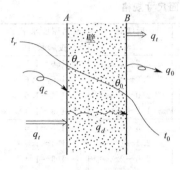

图 4-18 贯流放热模式图

B 得热升温而使其温度高于外界气温,最后在外表面 B,热量又以对流辐射的方式传至外界空气中,从而完成了一个由室内向室外透过温室覆盖物(包括塑料薄膜、墙体和后屋面等)向外界失热的过程。

由于这个过程包括了"辐射+对流→传导→辐射+对流"这样一个三种传热方式在内的系列化传热形式,所以称之为"贯流放热"、"综合放热"或者"透射放热"。贯流放热的表达式如下:

$$Q_t = A_w h_t (t_r - t_0) \quad (4-12)$$

式中,Q_t 表示贯流传热量,kJ/h;A_w 表示温室表面积,m²;h_t 为热贯流率,kJ/(m²·h·℃);t_r、t_0 分别为设施内外气温,℃。

(2) 通风换气放热 也叫缝隙放热。自然通风或强制通风、裂缝、覆盖物破损、门窗缝隙等都会导致温室内热量的流失。

(3) 土壤传导失热 白天透入室内的太阳辐射能,除一部分用于长波辐射和传导,使室内空气升温外,大部分热能传入地下,成为土壤蓄热。土壤传导失热包括垂直方向上的传热和水平方向上的传热。土壤中垂直方向的热传导仅发生在 0~45cm 深处,该深度以下,热传导量很小。而且,到了夜间,地面已得不到太阳辐射热时而仍在继续向外辐射热量,所以逐渐降温。当地面温度降到下层土壤温度以下时,下层土壤又以传导方式将热量传往地面。所以说,垂直向下贮存在土壤中的热量是夜间和阴天维持室温的热量来源。真正传到室外的,是土壤中横向传导那部分热量。冬春季节,由于温室内外的土壤温差大,土壤横向传导热较快,山墙和后墙由于墙体较厚,所以横向传导热较慢。前屋面只有 0.1~0.12mm 的薄膜,传导最快。所以遇寒流有时造成前底脚的作物容易遭受冻害。据推算,土壤横向传热占温室总失热的 5%~10%。

3. 温室的热量平衡

(1) 温室的热量平衡方程 温室内的热量来自两方面:一是太阳辐射能;另一部分是人工加热量。其中太阳辐射占温室得热的绝大部分,人工加热只是在冬季温度极低时的一种辅助措施。而热量支出则包括如下几个方面:①地面、覆盖物、作物表面的有效辐射失热;②以对流方式,设施内土壤表面与空气之间、空气与覆盖物之间进行热量交换,并通过覆盖物外表面失热;③设施内土壤表面蒸发、作物蒸腾、覆盖物表面蒸发,以潜热(水的相变引起的传热称潜热;直接由温差引起的传热称显热)形式失热;④设施内通风、排气将显热和潜热排出;⑤土壤传导失热。

综上所述,园艺设施的热量平衡方程如下:

$$q_t + q_g = q_f + q_d + q_c + q_v + q_s \qquad (4-13)$$

式中，q_t 表示太阳总辐射能量；q_g 表示人工加热；q_f 表示辐射失热；q_d 表示对流传导失热（显热）；q_c 表示潜热失热；q_v 表示通风换气失热（显热和潜热）；q_s 表示土壤传导失热。

上述表达式只是日光温室内热量收支的简单概括，如植物光合作用所固定的能量等并未估算在内。

(2) 温室的热收支状况　太阳辐射是以短波辐射的形式透入温室，并且被室内地面、植物体、墙体以及室内的空气、设备和其他构件吸收，只有少部分被反射到室外。短波辐射被上述物体吸收后，再以"热"的形式进行交换、传递，其中一部分热量被传导到底层土壤或墙体和后坡中。到了夜间，这些蓄存在土壤、墙体等内部的热量又会随室内气温的下降被释放出来。在设计日光温室时，重要的是如何增强温室的保温蓄热能力，以保证温室能保持作物正常生育所必需的温度。

白天，日光温室内地面吸收的太阳辐射超过地面的有效辐射，从而使地面得到较多的热量。地面得热后，温度升高，高于邻近的空气层和下层土壤。于是，地面向空气及下层土壤传热并使之升温（土壤得到的热量中有一部分经横向传导而散失到室外）。由于地面温度高于空气温度，使土壤中的水分向空气中蒸发，并随之将土壤表面的热量部分转变成潜热带入空气中；同样，植物体内的水分也向空中蒸腾并将潜热带入空气中。覆盖物的缝隙借空气的对流而使空气中的热量（包括其中一部分水蒸气所含的潜热）逸出室外。由于地面和空气升温，还有一部分热量以贯流放热的形式传到室外。

夜间，太阳辐射已变为零，但室内地面有效辐射仍在进行而使地面降温，直到低于下层土壤的温度，这时储存在下层土壤中的热量就向上传给地面，再从地面进行辐射和通过对流作用而把热量补充到温室空间中，白天蓄积在墙体和后坡内的热量，也能部分补充到室内空间中，以缓和空气和地面的降温。室内空气降温，使空气中的水蒸气凝结，放出潜热（凝结热），也可以缓和室内气温和地面降温的速度。夜间外界气温较低，加大了室内外温差，使贯流放热量加大，但由于在夜间通风口已全部关闭，加上覆盖了草苫和纸被等防寒物，又起到了减少贯流放热和缝隙放热的作用，从而进一步缓和了室温的下降。一个保温良好的日光温室，夜间温度的下降相当缓慢（冬季室内气温一夜只降低 5～7℃），直到次日揭苫前，仍能保持作物生长所必需的温度（参见图 4-19）。

(3) 得热与失热平衡的三种状态　设进入温室的热量为 Q_{in}，传出的热量为 Q_{ou}，上午时 $Q_{in} > Q_{ou}$，蓄积于温室内的热量，$\Delta Q = Q_{in} - Q_{ou}$，$\Delta Q$ 为正值，温度升高；根据传热原理，物体吸热或放热的多少与其本身温度有关，温度升高，则吸热少，放热多。中午 13 时，$Q_{in} = Q_{ou}$，温度达最大值，即 T_{max}；下午，$Q_{in} < Q_{ou}$，

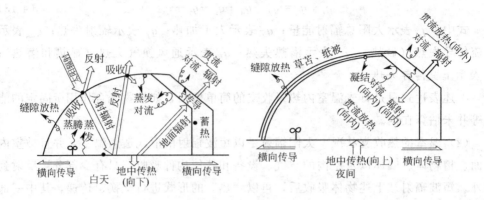

图 4-19 日光温室热平衡示意图

温度下降，到日出之前，$Q_{in} = Q_{ou}$，温度达最小值，即 T_{min}。T_{max} 反映了系统的升温能力，T_{min} 反映了系统的保温能力。

4. 保温设计思路

（1）减少贯流放热

① 增大保温比　设施内的土壤面积 S 与覆盖及维护结构表面积 W，即 $S/W = \beta$（保温比），最大值为 1。保温比越小，说明覆盖物及维护结构的表面积越大，增加了同室外空气的热交换面积，降低了保温能力。因此，在覆盖面积相同的情况下，温室越高大，保温能力越差。一般单栋温室的保温比为 0.5～0.6，连栋温室为 0.7～0.8。

② 增加墙体厚度　如竹木结构的日光温室，把墙体和后屋面增加厚度，减少温室内的热能向外表面传导。土筑墙的厚度要超过当地冻土层的厚度再增加 30% 以上，如当地冻土层为 1m，土筑墙的厚度应达到 1.3m 以上。高寒地区多采用墙外培防寒土的方法，增加墙体厚度。后屋面材料采用导热系数小的秸箔抹草泥，上面铺乱草，使其平均厚度达到墙体厚度的 40% 以上。

③ 采用异质复合结构　钢管骨架无柱日光温室，墙体和后屋面均可采用异质复合结构，内层要选择蓄热系数大的建筑材料，外层要选择导热率小的建筑材料。例如用红砖砌成夹心墙，中间空隙填充珍珠岩或聚苯板。后屋面覆盖预制板，先在骨架上铺一层木板箔，后墙砌 40～50cm 高的女儿墙，预制板上端担在中脊上，下端担在女儿墙上，预制板与木板箔之间形成的三角空隙填珍珠岩或聚苯板。没有条件建夹心墙的，可砌筑石头墙，墙外培土。如瓦房店日光温室，50cm 厚石头墙外培 1.5m 厚的防寒土，保温效果很好。竹木结构温室的后屋面也可采用异质复合结构，先在檩木上铺整捆玉米秸作房箔，上面分两次抹 5cm 厚的草泥，泥上铺 10cm 厚稻壳、高粱壳等和 30cm 厚玉米皮、脱粒后的高粱穗等，压紧后再盖一层玉米秸。

④ 前屋面保温覆盖　前屋面薄膜导热系数最大。白天，由于有阳光照射，室内保持较高温度，而夜间前屋面散热最快，所以必须加强保温覆盖，主要覆盖草苫、纸被。北纬40°以北地区覆盖四层牛皮纸被，外加5cm厚的草苫或双层草苫，北纬40°以南地区只覆盖单层草苫即可。草苫外面衬防雨雪薄膜，防止被雨水淋湿后影响保温效果。

（2）减少缝隙放热　严寒季节，温室的室内外温差很大，一旦有缝隙，在大温差作用下就会形成强烈的对流热交换，导致大量散热。为了减少缝隙散热，筑墙时防止出现缝隙，后屋面与后墙交接处要严密，前屋面发现孔洞及时堵严，进出口应有作业间，温室门内挂棉门帘，室内用薄膜围成缓冲带，防止开门时冷风直接吹到作物上。

（3）减少地中传热　在增加墙体厚度的情况下，温室后部和靠近山墙处的地中横向传热较少，主要是前底脚下的地中横向传导散热量大，对地温影响明显。因此，对前底脚下的土壤进行绝热处理是必要的。在前底脚外挖50cm深、30cm宽的防寒沟，衬上旧薄膜，装入乱草、马粪、碎秸秆或苯板等导热率低的材料，培土踩实，可以阻止地中横向传热。此外，也可以采用"室内地面下凹"的方法。因为冬季外界地表向下温度逐渐增高，所以使栽培床面自原地面凹下30～50cm，有利于保持较高的土温，故此类温室又称为"半地下式温室"，如图4-20所示。

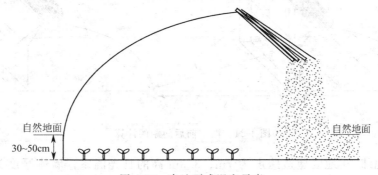

图 4-20　半地下式温室示意

四、温室群的规划设计

日光温室园艺植物生产是集约化的商品生产。进入21世纪，设施园艺生产方式已逐步由一家一户小面积种植向大规模集中连片的温室群发展。因此，建造日光温室之前必须先要调整土地，合理规划布局，才能长期发展下去。

1. 场地的选择

建造日光温室的场地必须阳光充足，温室南面没有山峰、树木、高大建筑物等遮光物体，避开山口、河谷等风口及尘土、烟尘污染严重的地带。为了利于作物生长发育,应选择地下水位低、土质疏松、富含有机质的地块。最好靠近村庄,距交通要道近,充分利用已有的水源和电源,以减少投资。

2. 温室群的规划

(1) 整地放线　平整土地之后,测准方位,确定温室的方位。然后丈量土地面积,确定温室的大小、数量和总面积。

(2) 温室前后间距的确定　应以冬至前后前排温室不对后排温室构成明显遮光为准,以使后排温室在冬至前后日照最短的季节里,每天也能保证 6h 以上的光照时间。即在上午 9 时至下午 15 时,前排温室不对后排温室构成遮光。先确定温室跨度、高度、长度,再根据下列公式计算出前后排温室的距离:

$$S = \frac{D_1 + D_2}{\tan H_9} \times \cos t_9 - (L_1 + L_2) \tag{4-14}$$

式中,S 表示前后排温室的间距;D_1 表示温室矢高;D_2 表示草苫的高度,通常取 0.5m;H_9 表示冬至上午 9 时的太阳高度角;t_9 表示上午 9 时的太阳时角,为 45°;L_1 表示温室后屋面水平投影;L_2 表示温室后墙底宽。如图 4-21 所示。

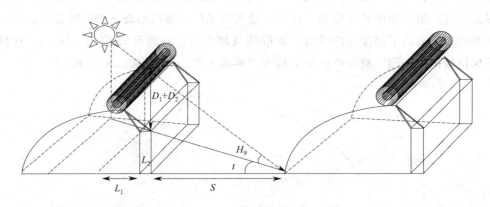

图 4-21　温室前后间距的计算

例如北纬 40°地区建造跨度为 7m、3.3m 高的日光温室,墙体厚度为 1m,则每栋温室占地宽度为 8m。后屋面水平投影 1.4m,计算前后两排温室的间距。

由公式 $\sin H_9 = \sin\phi\sin\delta + \cos\phi\cos\delta\cos t$,得出

$$H_9 = \arcsin(\sin\phi\sin\delta + \cos\phi\cos\delta\cos t)$$
$$= \arcsin[\sin 40°\sin(-23.5°) + \cos 40°\cos(-23.5°)\cos 45°]$$
$$= 13.91°$$

$$S = \frac{(3.3 + 0.5)\text{m}}{\tan 13.91°} \times \cos 45° - (1.4 + 1.0)\text{m}$$
$$= 8.39\text{m}$$

为提高土地利用率,应利用温室的风障效应,在前后两排温室间建中小拱棚进

行提前或延后生产。当然，也可以利用温室间的空地种植其他作物。若温室间的空地闲置不种，为减少土地的浪费，则可适当缩小前后两排温室的间距，不过最低也要保证后排温室在冬至前后，每天从上午 10 时至下午 14 时能够充分受光。计算方法同上，但要把 H_9 改为 H_{10}，t_9 改为 t_{10}。

上述公式计算较为复杂，也可按以下经验公式计算：

$$S=(前栋温室的矢高＋卷起的草苫高度)×2+1 \qquad (4-15)$$

则上述矢高为 3.3m 的温室，草苫高度为 0.5m，则温室前后间距应为

$$S=(3.3+0.5)m×2+1m=8.6m$$

(3) 田间道路规划　依据地块大小，确定温室群内温室的长度和排列方式，根据温室群内温室的长度和排列方式确定田间道路布置。一般在温室群内东西两列温室间应留 3～4m 的通道并附设排灌沟渠。如果需要在温室一侧修建工作间，再根据作业间宽度适当加大东西两列温室的间距。东西向每隔 3～4 列温室设一条南北向的交通干道；南北每隔 10 排温室设一条东西向的交通干道。干道宽 5～8m，以利于通行大型运输车辆。经济发达地区，灌水渠道应全部用地下防渗管道，既节省土地，又节约用水。

(4) 附属建筑物的位置　仓库、锅炉房和水塔等应建在温室群的北面，以免遮光。

最后按比例尺 1∶50 绘制出各栋温室和交通干道的位置，标明尺寸，即可按图施工，如图 4-22 所示。

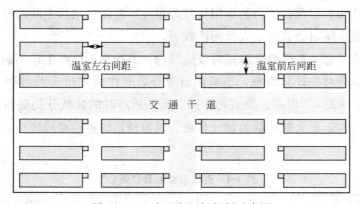

图 4-22　日光温室田间规划示意图

五、园艺设施的荷载

园艺设施一般使用年限为 5～20 年，整体结构的完整性、安全性、耐久性和合理性是反映园艺设施优劣的评价依据。因栽培的目的和作物种类不同，对安全性、

耐久性的要求也不同,与工业民用建筑不同,应有专用的荷载范围。所谓园艺设施的荷载,是指作用于园艺设施上的所有外力。对园艺设施进行结构设计时首先要逐项计算荷载,根据荷载的数值,再计算构件应力,所以荷载大小是设施结构设计的基本依据。取值过大则结构粗大,增加阴影,影响作物生育,浪费材料,增加成本;取值过小经不起风雪的袭击,而发生损坏倒塌,给生产和人身安全造成严重后果,因此确定设计荷载是一项慎重周密的工作。

1. 荷载类型

(1) **恒载和活载** 荷载按其性质可分为恒载和活载。恒载是指作用在园艺设施永久性结构上的重量,包括墙体、屋架、透明覆盖材料和所有固定设备重量。在恒载计算时应注意可能造成的计算误差,任何长期受结构支撑的荷载,均应算作恒载。美国温室制造协会出版的《温室设计标准》中把任何作用于结构上超过 30d 的活载都视为恒载计算。如作物吊重,花卉温室内悬挂的花盆、花篮等。活载是指在园艺设施使用过程中产生的临时荷载,包括风荷载、雪荷载、地震荷载和施工荷载,还应包括管理人员走动、操作时产生的作用力,如日光温室冬季生产,管理人员需在后屋面走动及卷放草苫时,就会对前屋面产生的作用力。

(2) **垂直荷载和水平荷载** 荷载按其作用力方向不同可分为垂直荷载和水平荷载。作用于园艺设施结构垂直方向上的荷载称为垂直荷载,如园艺设施的自重、雪荷载、作物吊重等属于垂直荷载。作用于园艺设施结构水平方向上的荷载称为水平荷载,如风荷载、地震荷载等属于水平荷载。

(3) **均布荷载、集中荷载和局部荷载** 荷载按其作用力的状态又可分为均布荷载、集中荷载和局部荷载。力的作用均等分布在园艺设施结构上的荷载称为均布荷载,如温室最小屋面活载和最大屋面活载等。

(4) **荷载组合** 荷载组合就是对设施结构、基础和构件产生最不利影响的组合荷载。计算荷载时先计算恒载,恒载除自重外,有作物和吊车荷载时也要计算在内,如表 4-4 和表 4-5 所示。恒载再和风、雪、地震时的荷载分别进行组合,取其中对结构最不利、最大的荷载为设计荷载。因为园艺设施结构较矮小,一般不考虑地震荷载。

表 4-4 荷载的类型及其组合

应力种类	荷载状态	荷载组合
长期的	恒载(D)	D
短期的	活载(L)	D+L
	雪载(S)	D+S
	风载(W)	D+W
		D+L+W
		D+S+W

表 4-5 我国日光温室不利荷载组合

序号	荷载组合	发生条件
1	D+S+K(前屋面均布)+P+(V)	雪后登屋顶卷帘
2	D+(S+K)(屋脊集中荷载)+P+(V)	湿草苫卷在屋顶
3	D+W(南风)+K(前屋面均布)+P+(V)	刮风卷放草苫
4	D+W(北风)+K(屋脊集中荷载)+P+(V)	刮风卷苫

注：D 为恒载；S 为雪载；K 为保温草苫重；P 为屋脊集中活荷载；V 为植物吊重；W 为风荷载；括号内荷载可根据情况选用。

2. 主要荷载分析

(1) 恒载（自重） 恒载是构成园艺设施（温室和大棚）的构架、覆盖物的重量。按表 4-6 的单位重量进行计算。其他部分的材料，按表 4-7 的单位体积重进行计算。

表 4-6 构架、覆盖物的单位重量

构成部分		荷载/(kg/m²)	备注
构架	木质	10+0.4	跨度(m)：包括排架、檩梁、椽子等全部，是水平投影面的值
	钢铁	10+0.4	
	铝合金	5+0.1	
覆盖物	塑料薄膜	每 1mm 厚 1.4	估计面积的值
	塑料板	每 1mm 厚 1.5	
	玻璃	每 1mm 厚 2.5	

表 4-7 材料的重量　　　　　　　　　　　　单位：kg/m³

材料		数值	材料		数值
黏土	干燥	1300	混凝土	无筋	2300
壤土	普通	1600		钢筋	2400
	饱水	1800	金属	钢铁	7850
沙	干燥	1700		铝	2700
	饱水	2000			

(2) 作物荷载 作物荷载大致每平方米按 15kg 计算。采用拉水平线吊挂时，在水平线的固定处能发生张力（T），所以设计时还要考虑固定处水平力（H）。水平线垂直向下的距离越短，水平力越大，所以水平线不能拉得太紧。

(3) 雪荷载 雪荷载是堆积在屋面上雪的重量。由于积雪量与气温、风速、积雪深等密切相关，所以，各地设计用的地面雪荷载也不一样。建筑规范规定的基本雪压（S_0），是以一般空旷平坦地面上的 30 年一遇最大积雪深度为标准的。由于园艺设施内温度较高，积雪容易融化滑落，因此，计算园艺设施的雪荷载时，应乘以暂时折减系数 K_1，K_1 值一般取 0.8～0.9。其次，积雪的程度与屋面的坡度和形状有关。按规范计算园艺设施雪荷载时，可根据屋面坡度乘屋面积雪分布系数（C）折减积雪量。全国主要城市的基本雪压（S_0）见表 4-8。

表 4-8 几个主要城市的积雪深和雪压

城市名称	积雪深/cm	雪压/Pa	城市名称	积雪深/cm	雪压/Pa
哈尔滨	41	450	太原	16	200
长春	18	350	呼和浩特	30	300
沈阳	20	400	西安	22	200
大连	16	400	兰州	8	150
天津	16	250	乌鲁木齐	48	600
北京	24	300			

因此，园艺设施屋面水平投影面的积雪荷载（S），可按下列公式求得：

$$S = K_1 C S_0 \tag{4-16}$$

计算例 1：北京地区有高 3m、跨度 8m 的大棚，求其雪荷载。

解：查表得北京地区 $S_0 = 300$Pa；高跨比 $f/l = 3/8 > 1/3$，查表 4-9，$f/l \geq 1/3$ 时，$C = 0.4$，$K_1 = 0.8$，代入式（4-16）中，得

$$S = 0.8 \times 0.4 \times 300 = 96 (Pa)$$

表 4-9 屋面积雪分布系数

平面屋面		拱圆屋面	
坡度/(°)	C	高跨比	C
≤25	1.0	≤1/8	1.0
30	0.8	1/6	0.8
35	0.6	≥1/3	0.4
40	0.4		
45	0.2		
≥50	0.0		

（4）风荷载 风吹到园艺设施上会产生一种压力，称为风压，也就是风荷载。温室大棚向风面为正压；背风面为负压。建筑荷载规范的基本风压（W_0）是根据风速（V）和风（速度）压的关系式 $W_0 = \rho V^2$ 求得的。以一般空旷平坦地面离地 10cm 高（h_0），统计得到的 30 年一遇、10min 平均最大风速（V）为标准。ρ 为空气密度，约等于 1/8。这个 W_0 值对温室和大棚的轻体结构来看是偏大，计算时要取调整系数 K_1 为 0.8~0.9。但根据地形如迎风面有高大建筑物或树林形成风口时，调整系数要取 1.0~1.2。

风压还随高度的不同而变化，基本风压是 10m 高的值。温室和大棚比较矮，一般以屋面的平均高度为温室大棚的高度，多在 4m 以下。计算时要取风载高度变化系数（K_2），按规范高 2m 时为 0.52、5m 时为 0.78，中间数值以插入法计算。

风吹到建筑物表面的时刻，建筑物的形状不同风压也要变化。风吹到建筑物表面所引起的压力（或吸力）与基本风压的比值叫做风载体形系数（K），K 值的大

小与建筑物形状有关,并且不同的部位其数值也不一样,如图 4-23 所示。K 值为正表示压力,K 值为负表示吸力。因此,作用在园艺设施表面上的风荷载(W)以下式表示:

$$W = K K_1 K_2 W_0 \qquad (4-17)$$

式中,K 为风载体形系数;K_1 为风压调整系数;K_2 为风压高度系数。

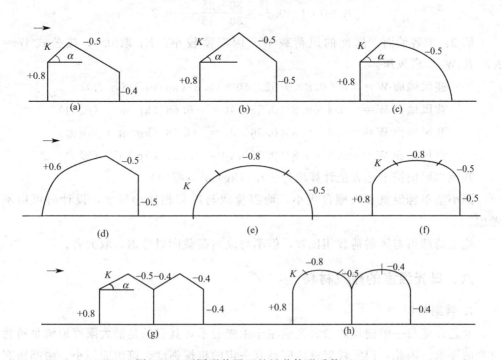

图 4-23　不同形状屋面的风载体形系数(K)

图 (a)、(b)、(c) 中,当屋面坡度 $\alpha \leqslant 10°$ 时,K 值取 -0.6;当 $\alpha = 30°$ 时,
K 值取 0;当 $\alpha \geqslant 60°$ 时,K 值取 $+0.8$。中间值用插入法计算

图 (e) 中,当拱形屋面高跨比 $f/l = 0.1$ 时,K 值取 $+0.1$;$f/l = 0.2$ 时,
K 值取 $+0.2$;$f/l = 0.5$ 时,K 值取 $+0.6$。中间值用插入法计算

图 (f) 中,当拱形屋面高跨比 $f/l = 0.1$ 时,K 值取 -0.8;$f/l = 0.2$ 时,
K 值取 0;$f/l = 0.5$ 时,K 值取 $+0.6$。中间值用插入法计算

图 (g) 中,迎风屋面 K 值的计算方法可参照图 (a)、(b)、(c)

图 (h) 中,迎风屋面 K 值的计算方法可参照图 (f)

计算例 2:某地二连栋屋脊形双屋面温室,脊高为 3m,跨度 9m,屋面坡度为 25°,求其作用于温室上的风荷载。当地的基本风压为 40kg/m²。

解 1:求风荷载高度变化系数 K_2。

① 墙体风载　檐高 2m,按荷载规范 $K_2 = 0.52$。

② 屋面风载　按屋面平均高度 $2 + (3-2)/2 = 2.5(\text{m})$ 计算,规范规定高度 2m

时，$K_2=0.52$，5m 时 $K_2=0.78$，用插入法求 2.5m 处的风载：

$$K_2=0.52+(0.78-0.52)\times\frac{2.5-2}{5-2}=0.56$$

解 2：求迎风屋面的风载体形系数 K。因屋面坡度 α 为 25°，$\alpha=15°$ 时 $K=-0.6$，$\alpha=30°$ 时，$K=0$，用插入法求出：

$$K=0+(-0.6)\times\frac{30-25}{30-15}=-0.2$$

解 3：求各墙面、屋面的风荷载 W。因温室较小，K_1 取 0.8，按公式 $W=KK_1K_2W_0$，求风压。

迎风墙面 $W=0.8\times0.8\times0.52\times40=13.3$（kg/m²）（压力）

背风墙面 $W=-0.4\times0.8\times0.52\times40=-6.66$（kg/m²）（吸力）

迎风屋面 $W=-0.2\times0.8\times0.56\times40=-3.58$（kg/m²）（压力）

背风屋面 $W=-0.5\times0.8\times0.56\times40=-8.96$（kg/m²）（吸力）

其他二屋面按上述方法计算均为 -7.17kg/m²（吸力）。

因小型单栋温室和大棚自重小，地震荷载与风载相比小得多，设计时可以不考虑。

施工荷载可与风雪荷载相比较，但不与风雪荷载同时考虑，取大者。

六、日光温室的建筑材料

1. 骨架材料

园艺设施与一般建筑的最大区别在于采光要求，其目的是最大限度地满足植物对光的要求。因此，温室骨架材料应具有一定的机械强度、遮荫面积小、耐潮防腐蚀等特点，同时要考虑价格低廉。

（1）木材　木材具有取材广泛，加工方便，可通过榫、钉、绑等方法连接等优点，主要用于塑料大棚的支柱、纵向拉杆、小吊柱及日光温室的立柱、柁木、檩木、拱杆及门窗等。用作骨架材料的木材，要求纹理直、木结少、有一定强度、不腐朽、虫眼少、耐用性好、着钉力强。可以使用杉、落叶松、柳树等的原条（已去除皮、根及树梢，但尚未按一定尺寸加工成材的木材）和原木（已去除皮、根及树梢，并已按一定尺寸加工成规定直径和长度的木材）。木材作棚室骨架的缺点是遮荫大、跨度小、不耐腐，且目前材料较为紧缺，近年来逐渐被钢材或钢筋混凝土所代替，除林区等特殊地区外，木结构的温室、塑料棚已越来越少。

（2）竹材　主要用于塑料大棚的支柱、拉杆、拱杆及日光温室的支柱、前檩、腰檩以及拱杆等。竹材具有相当高的强度，尤其是抗拉强度，可以代替混凝土的钢筋使用。它能够自由弯曲，弹性好，韧性大；在潮湿条件下使用不易腐烂、价格便宜、质地轻、便于运输。竹子使用中要注意防止干燥开裂从而降低强度,影响寿命。其缺点是机械强度不如钢材。

(3) 钢材 强度、刚度、塑性和韧性都强于其他材料,可焊接或用螺栓、卡具等连接。常用钢材包括钢筋、薄壁镀锌钢管、型钢等材料。钢筋取材方便,制作简单,但用来焊接温室骨架,耗钢量大,焊接点多,费工费电,且易生锈;薄壁镀锌钢管采用双面热浸镀锌处理,可以防锈,使用年限较长,缺点是造价高;温室的柱、檩、椽等结构构件常用型钢(如工字钢、槽钢、角钢、带钢等),其优点是承重能力强,缺点是自重大,采光、保温性能差,且较易锈蚀。常用钢筋、钢管的规格见表4-10、表4-11。

表4-10 钢筋的直径、横截面面积和理论质量

直径/mm	横截面面积/mm²	理论质量/(kg/m)	直径/mm	横截面面积/mm²	理论质量/(kg/m)
5	19.63	0.154	12	113.1	0.888
6	28.27	0.222	14	153.9	1.210
7	33.18	0.261	16	201.1	1.580
8	50.27	0.395	18	254.5	2.000
10	78.54	0.617	20	314.2	2.470

表4-11 钢管的规格及理论质量

外径/mm	壁厚/mm	理论质量/(kg/m)	外径/mm	壁厚/mm	理论质量/(kg/m)
20	1.2	0.556	30	1.2	0.851
20	1.5	0.684	30	1.5	1.050
20	2.0	0.888	30	2.0	1.380
25	1.2	0.703	32	1.2	0.910
25	1.5	0.869	32	1.5	1.130
25	2.0	1.130	32	2.0	1.480

(4) 钢筋混凝土材料 包括普通的由钢筋、沙子、石子、水泥制作的预制柱及钢筋-玻璃纤维增强混凝土骨架材料。此类骨架材料优点是强度大、抗腐蚀、造价低,缺点是自重大、遮光率大,运输、施工安装较费工。

2. 墙体材料及填充材料

(1) 土墙 土墙经济实用,且保温性能优于砖墙和石墙,故在日光温室建造中广泛应用。建造日光温室的土墙体以就地取土为主,有的用土掺草泥垛墙,有的构筑"干打垒"土墙。为提高土墙强度,增强耐水性和减少干缩裂缝,可加入适量填料,如加入10%~15%的石灰能提高强度和耐水性,掺入碎稻草或麦秸可减少干缩裂缝,掺入适量的沙子、石屑、炉渣等,既可增加强度,又能减少干裂。

(2) 石墙 天然石料有很高的强度,用石料砌墙完全可以满足承重要求。尤其是整齐的条石,砌出的墙体强度更大。石墙的缺点是自重大,砌筑费工,而且

导热快。因此，温室采用石墙，外面必须培上足够的防寒土，才能达到保温蓄热效果。

(3) 砖墙　砖墙的优点是耐压力强、砌筑容易，缺点是建造成本高，保温性能略低于土墙。

① 普通黏土砖　我国标准黏土砖的规格是 240mm×115mm×53mm，其砌体每立方米需 512 块。

② 多孔混凝土砌块　是由胶结材料（水泥、石灰、石膏等）、水和加气剂及泡沫混合剂混合制成的墙体材料。由于多孔、质轻、具有一定强度，耐热性及耐腐蚀性较好，是一种常用保温材料。常用的多孔混凝土砌块有加气混凝土砌块和泡沫混凝土砌块两种。

(4) 舒乐舍板　一种新型墙体材料。一般由 50mm 厚的整块阻燃自熄性聚苯乙烯泡沫为板芯，两侧配以 $\phi2.0mm\pm0.05mm$ 冷拔钢丝焊接制作的网片，中间斜向 45°双向插入 $\phi2.0mm$ 钢丝，连接两侧网片，采用先进的自动焊接技术焊接而成的钢丝网架聚苯乙烯夹芯板。舒乐舍板现场施工方便，仅需根据设计进行连接拼装成墙体，然后在板两侧涂抹 30mm 厚的水泥砂浆即成墙体。舒乐舍板墙体具有保温、隔热、抗渗透、重量轻、运输方便、施工简单、速度快等特点。110mm 舒乐舍板相当于 660mm 厚的砖墙。

(5) 填充材料　异质复合结构墙体的填充材料多用聚苯板、炉渣、珍珠岩、锯末等。竹木结构温室后屋面填充材料包括玉米秸、稻草、麦秸、茅草等秸秆类材料，配合使用的还有碎草、稻壳、高粱壳等轻质保温材料，钢架结构温室后屋面多用聚苯板和炉渣作填充。

温室常用墙体材料及填充材料的热工参考指标见表 4-12。

表 4-12　温室常用墙体材料及填充材料的热工参考指标

材料名称	容重/(kg/m³)	导热率/[kcal/(m²·h·℃)]	蓄热系数/[kcal/(m²·h·℃)]
夯实草泥或黏土墙	2000	0.80	9.10
草泥	1000	0.30	4.40
土坯墙	1600	0.60	7.90
整齐的石砌体	2680	2.75	20.60
钢筋混凝土	2400	1.30	14.00
重砂浆黏土砖砌体	1800	0.70	8.30
轻砂浆黏土砖砌体	1700	0.65	7.75
空心砖	1200	0.45	5.56
锯末	250	0.08	1.75
稻草	320	0.08	1.55
空气(20℃)	1.2	0.02	0.04

注：1cal=4.1840J。

3. 塑料薄膜

目前我国生产的棚膜类型较多，按生产薄膜树脂原料分为聚乙烯（PE）薄膜、聚氯乙烯（PVC）薄膜和乙烯-醋酸乙烯共聚物（EVA）薄膜。

（1）聚乙烯（PE）棚膜　聚乙烯膜是聚乙烯树脂经挤出吹塑而成的膜。它具有密度小（$0.95g/cm^3$，PVC 为 $1.41g/cm^3$）、吸尘少、无增塑剂渗出、无毒、透光率高等优点，适于用作各种棚膜、地膜，是我国当前主要的农膜品种。其缺点是保温性差，使用寿命短，不易粘合，不耐高温曝晒（高温软化温度为50℃）。要使聚乙烯棚膜性能更好，必须在聚乙烯树脂中加入许多助剂（如光氧化剂、无滴剂、防尘剂、保温剂等）改变其性能，才能适合生产的要求。目前 PE 的主要原料是低密度聚乙烯（LDPE）和线型低密度聚乙烯（LLDPE）等。主要产品如下。

① 普通聚乙烯膜　该膜是在聚乙烯树脂中不加任何助剂所生产的膜。最大缺点就是使用时间短，一般使用期为 4～6 个月，目前正逐步被淘汰。

② 聚乙烯防老化（长寿）膜　在聚乙烯树脂中按一定比例加入防老化助剂（如红外线吸收剂、抗氧化剂等），吹塑成膜。加入防老化助剂可克服普通聚乙烯膜不耐高温日晒、不耐老化的缺点。目前我国生产的聚乙烯防老化（长寿）膜厚度一般为 0.1～0.12mm，可连续使用 24 个月。由于延长了使用期，覆盖栽培成本降低，是目前设施栽培中使用较多的农膜品种。

③ 聚乙烯长寿无滴膜（双防农膜）　该膜是在聚乙烯树脂中加入防老化剂和流滴剂（表面活性剂）等功能助剂吹塑成膜。该膜厚度 0.12mm，无滴持效期可达到 150d 以上，使用寿命达 12～18 个月，透光率较普通聚乙烯膜提高 10%～20%。

④ 聚乙烯保温膜　在聚乙烯树脂中加入保温剂（如远红外线阻隔剂）吹塑成膜。该膜能阻止设施内的远红外线（地面辐射）向大气中的长波辐射，从而把设施内吸收的热能阻挡在设施内。该膜可提高保温效果 1～2℃，在寒冷地区应用效果好。

⑤ 聚乙烯多功能复合膜　采用三层共挤设备将具有不同功能的助剂分层加入制备而成。将防老化剂加入外层，使其具有防老化功能，延长薄膜寿命；防雾滴剂相对集中于内层，提高薄膜的透光率，保温剂相对集中于中层，抑制室内热辐射的流失，使其具有保温性。目前我国生产的聚乙烯多功能复合膜厚度一般为 0.05～0.1mm，使用寿命 12～18 个月，夜间保温性能优于聚乙烯膜，接近于聚氯乙烯膜，流滴持效期 3～4 个月，是冬春茬栽培设施理想的覆盖材料。

⑥ 聚乙烯紫光膜　在聚乙烯双防膜基础上添加调光剂制成，除具有耐老化、无滴性能外，还能把 $0.38\mu m$ 以下的短波光转化为 $0.76\mu m$ 以上的长波光。增加

了棚内可见光的含量,透光率比聚氯乙烯膜高15%~20%,棚内升温快,降温慢,比其他膜增温1~2℃。这种棚膜栽培桃、草莓、番茄、茄子等植物表现较好。

(2)聚氯乙烯(PVC)棚膜 它是在聚氯乙烯树脂中加入适量的增塑剂(增加柔性)压延成膜。其特点是透光性好,阻隔远红外线,保温性强,柔软易造型,好粘合,耐高温日晒(高温软化温度为100℃),耐候性好(一般可连续使用1年左右)。其缺点是随着使用时间的延长增塑剂析出,吸尘严重,影响透光;密度大($1.41g/cm^3$),一定重量棚膜覆盖面积较聚乙烯膜减少24%,成本高;不耐低温(低温脆化温度为-50℃),残膜不能燃烧处理,因为会有有毒氯气产生。可用于夜间保温性要求较高的地区。

① 普通聚氯乙烯棚膜 不加任何助剂压延成膜,使用期仅6~12个月。

② 聚氯乙烯防老化(长寿)膜 在聚氯乙烯树脂中按一定比例加入防老化助剂,压延成膜。有效使用期达8~10个月,此膜具有良好的透光性、保温性和耐老化性。

③ 聚氯乙烯长寿无滴膜 在聚氯乙烯树脂中加入防老化剂和流滴剂压延成膜。该膜透光性好,保温性好,无滴持效期达150d以上,使用寿命达12~18个月,应用广泛。

④ 聚氯乙烯长寿无滴防尘膜 在聚氯乙烯长寿无滴膜的基础上,膜的外表面经过特殊处理,从根本上解决棚膜在使用过程中的吸尘现象,是高效节能温室比较理想的棚膜。其主要特点是:提高透光性能,扣棚初期,透光率可达85%以上,连续使用18个月,透光率仍可达50%以上;提高保温性能,棚室内气温、地温可比聚氯乙烯无滴膜高出2~4℃;使用寿命长达18个月;防尘无滴效果好,从田间观察防尘效果明显好于聚氯乙烯无滴膜。

(3)乙烯-醋酸乙烯共聚物(EVA)薄膜 是以乙烯-醋酸乙烯共聚物(EVA)树脂为主体的三层复合功能性薄膜。一般厚度为0.1~0.12mm,具有透光性能好,耐老化和防雾性能好等特点,保温性优于PE膜,但较PVC膜差。

(4)其他棚膜

① 漫反射棚膜 以聚乙烯为基础树脂,加入一定比例对太阳光透射率高、反射率低,化学性质稳定的漫反射晶核,使直射阳光的垂直入射光减少,降低中午前后棚内高温的峰值,增加午前、午后光线的透过率,有利于作物的均衡生长,同时夜间的保温性也强,是热带、亚热带地区高温季节适宜的大棚覆盖材料。

② 转光膜 在聚乙烯、聚氯乙烯树脂中加入光转换物质和助剂,使太阳光中的紫外线转变为可见光。增强设施作物的光合作用,促进作物的生长发育。

③ 近红外线吸收膜 近红外线吸收膜是在聚乙烯、聚氯乙烯树脂中加入近红

外线吸收物质,当太阳照射到膜时,可吸收一部分近红外线,从而减弱透过设施的近红外线,可自然降低设施内的温度。该膜适宜高温季节使用。

设施栽培中应根据设施类型不同、栽培季节不同、品种不同,而选用适宜的塑料薄膜类型。高效节能日光温室冬春茬果菜类生产,因覆盖期长达8个月以上,应选用透光率好、保温性能强、无滴效果好的聚氯乙烯无滴膜或聚氯乙烯防尘无滴膜。一般温室及大棚春提早和秋延迟栽培,应选用聚乙烯无滴防老化膜、聚乙烯无滴膜、聚乙烯多功能膜等。对春季短期中小棚覆盖应选用聚乙烯普通膜。现将聚乙烯(PE)膜、聚氯乙烯(PVC)膜和乙烯-醋酸乙烯共聚物(EVA)膜的特性列入表4-13。

表4-13 PE、PVC和EVA三种塑料薄膜特性比较

比较项目	聚乙烯薄膜(PE)	聚氯乙烯薄膜(PVC)	乙烯-醋酸乙烯共聚物薄膜(EVA)	备注
对红外线的阻隔性	差	优	中	PVC>EVA>PE
初始透光性	良	优	优	EVA>PVC>PE
后期透光性	中	差	良	EVA>PE>PVC
保温性	中	优	良	PVC>EVA>PE
耐候性	良	差	优	EVA>PE>PVC
防尘性	良	差	良	EVA>PE>PVC
粘接性	中	优	良	EVA>PVC>PE
防流滴性	中	良	良	EVA>PVC>PE
耐低温性	优	差	优	EVA>PE>PVC
耐穿刺性	良	优	优	EVA>PVC>PE

4. 保温覆盖材料

(1) 草苫 一般用稻草、蒲草、谷草、芦苇以及其他山草编制而成。稻草苫一般宽1.5~1.7m,长度为采光屋面之长再加上1.5~2.0m,厚度在4~6cm,大经绳在6道以上。蒲草苫强度较大,卷放容易,常用宽度为2.2~2.5m。草苫的优点是取材广泛,为剩余农产品的下脚料,价格便宜,保温性能好,冬季盖草苫的温室比不盖草苫的温室温度高10℃。缺点是不耐用,一般只能使用3年左右。而且淋雨(雪)后材料导热系数剧增,几乎失去了其保温效果,且自身重量成倍增加,给温室骨架造成很大压力,并使草苫卷放困难。

(2) 纸被 用旧牛皮纸或直接从造纸厂订做。使用纸被主要是铺在草苫下面防止草苫划破薄膜,并在草苫和塑料膜间形成一层致密的保温层,使温室的保温性能进一步提高。据测定,严寒冬季用4~6层牛皮纸与5cm厚草苫配合使用,可使温室内温度比单独使用草苫提高7~8℃。但纸被与草苫一样,在被雨雪浸湿时,保温性能下降,且极易损坏。

(3) 棉被 保温效果优于草苫,其保温能力在高寒地区约为10℃。一般在缝

制棉被时要再用一层防水材料，以防淋湿。标准棉被每平方米用棉花 2kg，厚度 3~4cm，宽 4m，长度比前屋面弧面长出 0.5m，以便密封。棉被造价高，一次性投资大，可使用多年。

（4）保温被 传统的保温覆盖材料很笨重不易铺卷，进行铺卷操作时又易将薄膜污损，容易腐烂，寿命短，加之质量得不到保证，促使人们研究开发出保温效果不低于草苫，而且轻便、表面光滑、防水、使用寿命长的外保温覆盖材料。常见保温被由多层不同功能的化纤材料组合而成，厚度 6~15mm。典型的保温被由防水层、隔热层、保温层和反射层四部分组成。防水层位于最外层，多由防雨绸、塑料薄膜、喷胶薄型无纺布和镀铝反光膜等制成，具有耐老化、耐腐蚀、强度高、寿命长等特点；隔热层主要由阻隔红外线的保温材料构成，主要作用是减少热量向外传递，增强保温效果；保温层多用膨松无纺布、针刺棉、纤维棉、塑料发泡片材等制成，是保温被的主要部分；反射层一般选用反光镀铝膜，主要功能为反射远红外线，减少辐射散热。目前国内常用保温被有以下几种。

① 复合型保温被 采用 2mm 厚蜂窝塑膜两层、加两层无纺布、外加化纤布缝合制成。具有重量轻、保温性好，适于机械卷动等优点。主要缺点是长时间使用后，里面的填充材料易破碎。

② 针刺毡保温被 以针刺毡作主要防寒保温材料，一面覆上化纤布，另一面用镀铝薄膜与化纤布相间缝合作面料，采用缝合方法制成。该保温被造价低、自重稍大，防风性、保温性均较好。最大缺点是防水性较差，浸湿后不易晾晒。

③ 腈纶棉保温被 用腈纶棉、太空棉作主要防寒材料，用无纺布做面料，采用缝合法制成。该保温被保温性能好，但耐用性和防水性均较差。

④ 保温棉毡保温被 以棉毡作主要防寒材料，两面覆上防水牛皮纸加工而成。该保温被与针刺毡保温被性能相近，且价格低廉，但使用寿命短。

⑤ 泡沫保温被 采用微孔泡沫作主要保温材料，上下两面采用化纤布作面料加工而成。具有质轻、柔软、保温、自防水、耐化学腐蚀和耐老化等优点，主要缺点是自重轻，防风性差。

七、日光温室的建造

1. 竹木结构日光温室的建造

建造温室要避开雨季。雨季后、上冻前或在栽培蔬菜需要防寒保温前进行施工建造。从理论上讲，冬用型日光温室最好在当地日平均气温下降到 23℃前完成，随后扣棚，这样冬季最冷月的地温和气温都高一些。一般情况下，也要在当地日平均气温下降到 16~18℃ 前建成并扣棚。生产上常有一些温室到大地封冻时才修建完成，这样的温室要使其温度恢复到正常水平，至少需要近 1 个月的时间，会直接影响日光温室的使用。修建日光温室要早计划、早动手，预留出可能出现的工期延误时间。竹木结构的日光温室建造步骤如下所述。

(1) 测定方位　方位可用指南针测定，但指南针所指方向受地球磁场的影响，所指的是磁子午线而不是真子午线，而真正能反映方位与采光量之间关系的是地球真子午线，这是确定温室方位的依据。磁子午线与真子午线之间存在磁偏角，需要进行校正。当磁子午线的北端偏向真子午线方向以东时，称为东偏；当磁子午线的北端偏向真子午线方向以西时，称为西偏。我国西北地区东偏 6° 左右，东北地区西偏 6°~10°。例如大连某地拟建正南方位的温室，用罗盘仪定向，磁针指的正北方向实际上是当地子午线方向的北偏西 6°35′。因此，只有将指南针调整到北偏东 6°35′，这时磁针方向才是所要求的正北方向。各地磁偏角不同，详见表 4-14。

表 4-14　全国部分地区的磁偏角

地区	磁偏角	地区	磁偏角
漠河	11°00′(西)	长春	8°53′(西)
齐齐哈尔	9°54′(西)	满洲里	8°40′(西)
哈尔滨	9°39′(西)	沈阳	7°44′(西)
大连	6°35′(西)	赣州	2°01′(西)
北京	5°50′(西)	兰州	1°44′(西)
天津	5°30′(西)	遵义	1°25′(西)
济南	5°01′(西)	西宁	1°22′(西)
呼和浩特	4°36′(西)	许昌	3°40′(西)
徐州	4°27′(西)	武汉	2°54′(西)
西安	2°29′(西)	南昌	2°48′(西)
太原	4°11′(西)	银川	3°35′(西)
包头	4°03′(西)	杭州	3°50′(西)
南京	4°00′(西)	拉萨	0°21′(西)
合肥	3°52′(西)	乌鲁木齐	2°44′(东)
郑州	3°50′(西)		

确定温室方位的另一种方法是竹竿阴影法，即预先在建造温室地块的边缘地点立一垂直竹竿，中午前后每隔 5min 左右在地面上画出竹竿的投影。其中投影最短的时刻，是当地正午时刻，此时的太阳方位为正南，这条投影线便是当地真子午线。

(2) 放线　测出真子午线后，再按直角划出东西延长线，即可确定后墙内线。确定直角的方法是：根据勾股定理，从两条交叉线的交点 (O) 向南取 6m 设一点 A，再向东（西）取 8m 设一点 B，用米尺取 10m。将 10m 测绳的一端与 6m A 重合，另一端与 B 重合，重合后 6m 线与 8m 线所成的角即为 90°。按温室的长度确定两端点 C、D，用同样方法确定东西山墙线（图 4-24）。

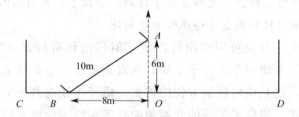

图 4-24 用勾股定理确定子午线的垂线

温室方位偏东或偏西 5°时，可用三角函数计算。其方法是在真子午线上向南引 10m 长测定点 G，根据 $GH=OG\tan5°$ 的公式计算出 $GH=0.875m$，将 H 与 O 连线，即为偏东或偏西的方向线（即与温室走向垂直的线），再用勾股定理画出内墙及山墙的线（图 4-25）。

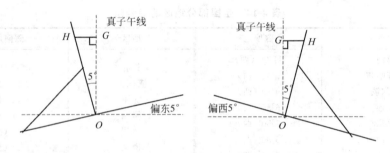

图 4-25 用三角函数求出偏东或偏西 5°后墙线的位置

（3）筑墙 山墙与后墙的作用有二：一是承重，即承受后坡、前屋面及自身的重力及其所受的各种外力，如风压、雪压及屋面上作业人员的压力等，因此墙体要有足够的强度，以保证温室结构的安全；二是墙体必须具备足够的保温蓄热能力，温室白天得到的太阳辐射热，一部分蓄积在墙体中，在夜间散发到温室中，以保证较高的室温。

竹木结构温室墙体多用土墙。按统一画好的墙体位置，放线后将地基夯实。根据各地土质不同，有的地区夯土墙，有的地区用草泥垛墙，墙体厚度多为 50cm，然后根据当地冻土层厚度在后墙外培防寒土。一般北纬 35°地区墙体总厚度要达到 80cm 以上，北纬 38°地区要达到 100cm，北纬 40°以北地区要达到 120~150cm。

① 板夹墙 也叫干打垒，适宜土质较黏重或碱性较大的地区。在夯实的地基上，把 4 根夹杠（直而结实且不易变形的木桩）按照墙的宽度在预定的位置成对埋好，把 6cm 厚、30cm 宽的木板分成两排，侧立放在夹杠的内侧，中间填土。这种

结构可以根据人力的多少而延长。在木板的上沿处，用 8 号铁丝按所要求的墙体厚度拉紧，在夹板两端用与土墙壁断面相同的梯子加树条或高粱帘子挡住将来往里面所填入的土。装填上土后摊平踏实，再用塞角器（俗称"拐子"）将四角及边缘处塞实，防止漏土，然后用夯把土夯实。一般每次填土厚度为 20～30cm，夯的力度大可稍厚一些，否则薄一些。夯实一层，木板上移，再加一层，再夯实，三、四层以后，就要停下来，待墙体干了以后，有了较强的承受能力后再加高。在人手少，夹杠、木板少的情况下，也可夯一小段，拔出后面的两根夹杠，移向前方后埋好，挡住前端堵头，再填土夯实，依次进行。如图 4-26 所示。

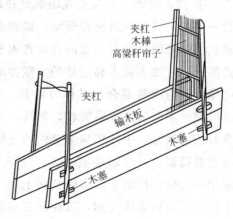

图 4-26 板夹墙制作示意图

建造板夹墙可用温室内的土，不必另地取土，建成后，平整温室内的地面，室内地平凹入地下约 50cm。半永久性的土墙，土内掺入石灰，下部（第一层）掺入量为 30%，向上逐层减少。建造土墙一定要用新挖出来的潮土，否则不结实，其次夹杠和木板一定不能发生变形，另外各段墙体的连接应采取叠压式衔接，不能垂直靠接，以防干燥后出现裂缝。

夹板墙墙体剖面为梯形，下宽上窄。下底宽 0.8～1m，顶宽 0.5m。这种墙在有黏土的地区，待墙体充分干燥后非常结实。为了防止雨水冲刷，外面可以抹掺灰泥（70% 的园土加 30% 石灰和适量的碎麦秸）。

② 土坯墙　砌土坯墙需有地基，一般地基深 30cm，用砖或石头砌成，并高出地面 30cm，在地基上面铺一层油毡纸或旧塑料薄膜，用来隔潮，防止土坯墙受潮变粉。在砌好的地基上，用砂泥坐满口，胶泥砌干土坯。土坯墙壁厚度与前面要求的土墙厚度相同。墙内外用沙泥或黄泥掺草抹好，而且外面每年都要抹一次，防止雨水冲刷墙体。

③ 杈土墙　按前面要求夯实地基后，在温室的外侧就地挖出深层黏土，掺进麦秸、稻草或羊草，草要有一定的长度，与抹墙用的不同。加水并用二齿钩和好，用四股杈子把泥按墙体宽度一层一层地垛上，摔实。杈墙时要底部稍宽，上部稍窄，断面呈梯形。高寒地区，多采用下底宽 2m，高 1.5～1.7m，则墙顶宽 1.5m。由于所使用的泥中含水多，不能一次杈得太高，杈到高度约 0.5m 时，就要停下来，用四股杈侧立着使用，自上向下拍，将墙的两面打削平，使泥中的草都顺着往下贴在墙上，这样墙面既平又利于向下淌雨水。待稍干有一定强度后，再继续向上杈。

④ 拉合辫墙 首先要在墙底处按墙宽挖 30cm 深的地沟，在正中每隔 2～3m 设一木桩，然后再筑拉合辫墙；或根据实际情况在平地将地基夯实，然后用砖石砌成墙的基础，墙内也要同样设置木桩。挖完地基沟或砌完基础墙后，在温室旁边挖一坑，加入黄土和适量的水搅拌成黄泥浆，然后用谷草、稻草、苫房草（小叶樟）等与泥浆混合，具体方法是：取一绺草约 8cm 粗，充分沾上黄泥浆，一手向前一手向后拧成螺旋状，形成草辫。在砌好的基础上，从墙壁两边把带泥的草辫依次编好，中间用搅上草的黄土填平、踩实。拉合辫要将木桩包裹起来，使墙更加稳固。一般墙底宽 0.8～1m，墙顶宽 0.5m。拉合辫墙也不能一次完成，应砌一段后，稍晒干后再继续向上砌。拉合辫墙干后非常坚固，成本也不高。为了防止下雨后墙体受潮，可在砖石基础之上铺一层油毡防潮。墙砌成后，内外用泥抹平。也有的农民用草炭、马粪和泥抹在内壁上，以便在温室内墙上种植叶菜，进行立体栽培。

⑤ 机械筑墙 由于筑墙用工量比较大，目前建造大面积温室群时后墙多采用机械筑墙。筑墙时用 1 台挖掘机和一台链轨推土机配合施工。墙体施工前按规划定点放线，墙基按 6m 宽放线，挖土区按 4.5～5m 宽放。首先清理地基，露出湿土层，碾压结实，然后用挖掘机在墙基南侧线外 4.5～5m 范围内取土，堆至线内，每层上土 0.4～0.5m，用推土机平整压实，要求分 5～6 层上土，墙高达到 2.2m（相对原地面），然后用挖掘机切削出后墙，后墙面切削时应注意墙面不可垂直，应有一定斜度，一般墙底脚比墙顶沿向南宽出约 30～50cm，以防止墙体滑坡、垮塌。建成的墙体，要求底宽 4.0～4.5m，上宽 2～2.5m，距原地面 2.2m。两侧山墙仍要采用夹板墙或草泥墙。

⑥ 编织袋垛墙 用编织袋装土垛墙。一般墙体厚度为底部 1.5m，顶部 1.2m，每延米墙体用编织袋 140～160 个。垛墙前先夯实地基，编织袋要交错摆放、压实。后墙和山墙均可采用此方法垛成。

(4) 建后屋面骨架 后屋面骨架分为柁檩结构和檩椽结构。

① 柁檩结构 由中柱、柁、檩组成，每 3m 设一根中柱、一架柁和 3～4 道檩。中柱埋入土中 50cm 深，向北倾斜呈 85°角，基部垫柱脚石，埋紧夯实。中柱上端支撑柁头，柁尾担在后墙上，柁头超出中柱 40cm 左右。在柁头上平放一道脊檩，脊檩对接成一直线，以便安装拱杆。腰檩和后檩可错落摆放，如图 4-27 所示。

② 檩椽结构 由中柱支撑脊檩，在脊檩和后墙之间摆放椽子，椽头超出脊檩 40cm 左右，椽尾担在后墙上。椽子间距 30cm 左右，椽头上用木棱或木杆做瞭檐，拱杆上端固定在瞭檐上，如图 4-28 所示。

(5) 建造前屋面骨架 一斜一立式日光温室的前屋面骨架多以 4cm 直径的竹

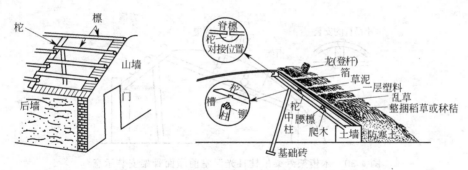

图 4-27　后屋面骨架的柁檩结构

竿为拱杆，拱杆间距 60~80cm，拱杆设腰梁和前梁。在前底脚处每隔 3m 钉一个木桩，木桩上固定直径为 5cm 的木杆做横梁，横梁下面每米再用一根细木杆支撑，横梁距地面 62~75cm，该横梁即为前梁。在中脊和前底脚之间设腰梁，每 3m 设一根立柱支撑。拱杆上端固定在脊檩上，下端固定在前梁上，拱杆下端用 3cm 宽竹片，竹片上端绑在拱杆上，下端插入土中。拱杆与脊檩、横梁交接处用细铁丝拧紧或用塑料绳绑牢。为提高前屋面采光性能，可适当抬高横梁，使前屋面呈微拱形，如图 4-29 所示。

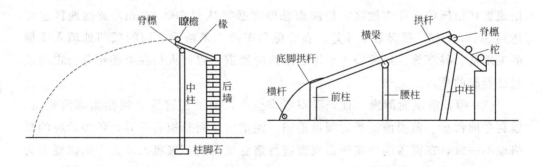

图 4-28　后屋面骨架的檩椽结构　　　图 4-29　一斜一立式温室前屋面骨架安装示意

半拱形日光温室前屋面骨架用竹片作拱杆，弯成弧形，拱杆间距 60cm。拱杆也设腰梁和前梁，由立柱支撑。拱杆上端固定在脊檩或檐上，下端插入土中。温室前屋面的立柱不但增加遮荫面积，而且给管理带来不便，因此目前半拱形日光温室的前屋面已经向无立柱方向发展，即取消腰柱，用木杆作桁架，建成悬梁吊柱温室。每 3m 设一加强桁架，上端固定在柁头上，下端固定在前底脚木桩上，桁架上设 3 道横梁，横梁上每个拱杆处用小吊柱支撑。小吊柱用直径 3~4cm 的杂木杆做成，距上端和下端 3cm 钻孔，用细铁丝穿透，把上端拧在拱杆上、下端拧在横梁上。如图 4-30 所示。

(6) 铺后坡　后屋面或后坡，是一种维护结构，主要起蓄热、保温和吸湿作

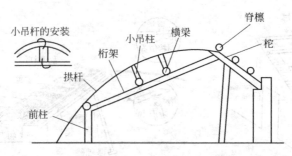

图 4-30 木桁架悬梁吊柱日光温室前屋面骨架安装示意

用,同时也是卷放草苫和扒缝放风作业的地方。先将玉米秸或高粱秸捆成直径 30~40cm 的捆。两两一组,梢部在中间重叠,上面一捆的根部搭到脊檩外 15~20cm,下边一捆根部搭在后墙顶上,一捆一捆挤紧排放,直至把后屋面铺严。再在距后屋面上端 70~80cm 处东西放入一道玉米秸捆,然后用碎草进一步把后屋面填平。接着用木板或平锹把探到脊檩外的玉米秸拍齐。随后上第一遍草泥,厚 2cm,稍干后铺衬一层旧棚膜或地膜,再抹第二遍泥,厚 2~3cm,同时在后墙外侧垛起 30~40cm 高的女儿墙,以免将来后屋面上再覆草时柴草向下滑落,以后随天气变冷,在后屋面上盖一层 20~30cm 厚的碎稻草、碎麦秸等,外面再用成捆秫秸压住。辽南地区,后屋面总厚度必须达到 70~80cm,黄淮地区也要达到 50cm 左右,保温效果才好。在脊檩和东西玉米秸捆之间的低凹处填入成捆的玉米秸、谷草等,形成较为平坦的东西向通道,以便人员在上面作业行走或放置已卷起的草苫。

(7) 覆盖前屋面薄膜　日光温室冬季生产,前屋面薄膜必须在霜冻前覆盖,以利冬前蓄热。覆膜前需预先埋设地锚。温室前屋面长短有差异,各种薄膜的规格也不一致,在覆盖前要按所需宽度进行烙合或剪裁。聚氯乙烯无滴膜幅宽多为 3m;聚乙烯长寿无滴膜幅宽 7~9m。温室通风口可设在温室顶部或下部。以下部设通风口为例,先用 1.5m 幅宽的薄膜,一边粘合成筒,装入麻绳或塑料绳,固定在前屋面 1m 左右高度的拱架上,作为底脚围裙,底边埋入土中。上部覆盖一整块薄膜。覆盖薄膜要选无风的晴天中午进行,先把薄膜卷起,放在屋脊上,薄膜的上边卷入竹竿放在后屋面上,用泥土压紧,再向下面拉开,延过底脚围裙 30cm 左右,上下、左右拉紧,使薄膜最大限度平展,东西山墙外卷入木条钉在山墙上,每两个拱杆间设一条压膜线,上端固定在后屋面上,下部固定在地锚上。压膜线最好用尼龙绳,既具有较高强度又容易压紧。一斜一立式日光温室盖完薄膜后,将 1.5cm 粗的竹竿压在拱杆上,用细铁丝拧紧,才能固定棚膜,防止上下摔打。建造跨度 6.5m,长度 99m 的竹木结构悬梁吊柱温室建造材料用量见表 4-15。

表 4-15　竹木结构悬梁吊柱温室建造材料表

名称	单位	规格/cm	数量	用途
木杆	根	200×10	34	桤
木杆	根	350×8	34	中柱
木杆	根	600×10	34	桁架
木杆	根	150×8	34	前柱
木杆	根	30×4	332	小吊柱
木杆	根	300×8	99	横梁
木杆	根	300×8	33	脊檩
木杆	根	300×10	66	腰檩、后檩
竹片	根	500×5	166	上部拱杆
竹片	根	200×4	166	下部拱杆
木杆	根	400×4	25	前底脚横杆
竹竿	根	600×6	17	后屋面拴绳
巴锔	个	$\phi 8×20$	220	固定檩、梁
高粱秸	捆	每捆20根	1000	铺后坡
稻草	kg		1000	垛墙
玉米秸	kg		2000	铺后坡
木材	m³	5（厚度）	0.15	门框、门
薄膜	kg	0.01	80	覆盖前屋面
铁丝	kg	16#～18#	3	固定骨架
铁线	kg	8#	3	拴地锚
钉子	kg	6	2	钉木杆
压膜线		拉力强度60kg	7	压棚膜
塑料绳	kg		3	绑拱杆
草苫	块	150×800×5	132	外保温覆盖

注：未计算作业间建造材料。

2. 钢架无柱日光温室的建造

（1）基础施工　建筑物的基础，是直接分布在建筑物正面承受压力的土层。基地的选择和基础的合理处置，对温室使用寿命的长短和安全有着重要意义。尤其在冬季比较寒冷的北方，室内多采用凹入地下的建筑方式，由于室内外地平高低不同，两面的横向压力不同，更应注意加固。

① 基础深度　基础的具体深度，取决于各地区冬季土地冻层和温室凹入地下的深度。通常要比两者深50～60cm，这样，既可防止冬季基土冻结时向上膨胀凸起、春季解冻下沉，又有不少于30cm的砖石基础埋入地下。如当地冻土层深度为70cm，温室室内凹入地下50cm，温室的基础深度应为1.1～1.2m。宽度应为墙壁厚度的2倍。

② 灰土工程　基础的加固措施，首先应取决于基土的耐压力。不同土质的耐压力是不同的。通常当基础深度为2m时，砂土的耐压力为$2.5 kg/cm^2$，黏质砂土及砂质黏土$2.0 kg/cm^2$，黏土为$1.5 kg/cm^2$。当建筑物的重量（包括本身重

量"静荷载"和外来的风压、雪压等附加的压力"动荷载")超过基土的允许耐压力时，必须进行加固措施。首先是作灰土工程，先用夯将基础底部夯实，然后把3∶7的石灰（经过粉化过筛）和细土混合，充分拌匀后，倒入基础槽内，用脚踏实，使厚度为24cm，再用夯打实，到厚为15cm时即成。为了加固基础，单层建筑的灰土工程最好作两层。如图4-31所示。

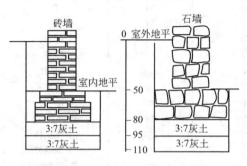

图4-31 温室基础工程断面

③ 砖石基础的砌筑法 为了扩大受压面积，减少基础单位面积的承压力，在灰土上部埋入地下的砖石基础墙，可采取阶梯形的砌筑方法，厚度为上部墙壁的1倍。砌筑时，向上至室内地平这一段，应使用标号较高的水泥砂浆，以增强其耐压强度。

（2）筑墙 钢架无柱温室的山墙和后墙可以是土墙，也可以是黏土砖夹心墙。土墙建造同竹木结构日光温室。为提高墙体的保温性能，最好采用异质复合结构墙体。现介绍几种保温墙体，各地可参考当地情况选用。

① 空心墙 该复合墙体内侧用24cm砖墙砌筑（内皮抹2cm厚沙泥），墙体外侧采用12cm砖墙水泥砌筑（外皮抹2cm厚麦秸泥），中间设一定厚度的空气夹层。这样把热容量大的结构材料放在内侧，因其蓄热能力强，表面温度波动小，白天吸收太阳能，晚上释放给室内，可使温室温度不致很快下降，对室内的热稳定性有利。如华北地区采用两侧砖墙内夹70mm厚空气层的复合空心墙，既能保证结构上的需要，又保温、省材料。

② 有保温层的复合墙体（50墙、60墙） 50墙内墙为24cm实心砖砌筑，外

图4-32 砌筑温室复合墙体

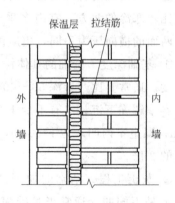

图4-33 复合墙体结构

墙 12cm 空心砖砌筑，内外墙空隙 12cm，填充炉渣或 6cm 厚的双层苯板。墙体内外面各抹灰 1cm，总厚度为 50cm，如图 4-32 所示。60 墙内墙为 24cm 实心砖砌筑，外墙为 24cm 空心砖砌筑，内外墙 12cm 的间隙填充炉渣或苯板。在砌筑过程中，内外墙间要每隔 2~3m 放一块拉手砖或钢筋作拉筋，以防倒塌（图 4-33）。如填充苯板，两层苯板的缝隙要交错摆放，并将缝隙用胶带粘好，以防透风。内墙用实心砖以便于蓄热和散热，外墙用空心砖是为了减少散热。

（3）焊拱架 前后屋面由拱架构成，拱架上弦用直径 6 分镀锌管，下弦用 $\phi12$ 钢筋，$\phi10$ 钢筋作拉花，先作模具，把上弦钢管和下弦钢筋按前屋面形状弯好，再焊上拉花。钢架各焊接点，焊口要饱满、平滑、不出铁刺铁碴。为解决后屋面靠屋脊太薄，不利于保温的缺陷，在拱架制作时，把拱架最高点向前移 10cm，用 $\phi12$ 钢筋弯成"Γ"形焊接在拱架上，使靠顶部的厚度增加 10cm（图 4-34）。

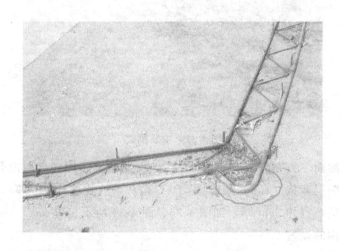

图 4-34 焊接拱架

拱架焊好后，要进行防腐处理。目前大量应用涂料防腐，刷完防锈底漆，干燥后可用其他调和漆罩面。钢架除用涂料防腐外，最好的办法是镀锌。镀锌有两种方法，一是电镀锌（冷镀），表面光滑，镀锌层薄，厚度为 0.01~0.02mm；二是热浸镀锌，镀层较厚，厚度可达 0.1~0.2mm，是电镀锌的 10 倍，附着力强，表面不及电镀锌光滑，但其防腐能力强。

（4）安装拱架 在已垒好的后墙顶端浇筑 10cm 厚钢筋混凝土顶梁，预埋 $\phi12$ 钢筋露出顶梁的表面。在前底脚处浇筑地梁，也预埋钢筋或角钢。从靠山墙开始，按 80cm 间距安装拱架，上端焊在墙顶预埋钢筋上，下端焊在地梁预埋钢筋或角钢上，如图 4-35 所示。在拱架顶部东西焊上一道槽钢，以便于覆盖薄膜时，用木条卷起装入槽内。在拱架下弦处用三道 4 分钢管作拉筋，把每个拱架连成整体，并确保桁架整体受力均匀不变形。东西两侧山墙要事先预埋"丁"字形钢筋，以备焊接固定拉筋。最后拱架上弦与每根拉筋之间要焊接两根 $\phi10$ 钢筋作斜撑，形成三角形的稳定结构，防止温室拱架在使用过程中受力扭曲。为增加拱架的稳定性，最好在东西山墙内侧加设两排桁架。在地梁上，每两排拱架间预埋一个小铁环，以便用于拴压膜线。在屋顶槽钢外侧（与地梁铁环对应处）也焊上小铁环，以便于拴压膜线的上端。在后屋面上距中脊 60～70cm 处东西拉一道 6 分钢管，便于拴卷草苫绳。

图 4-35 安装拱架

（5）建后屋面　先在后墙上建 40cm 高的女儿墙。然后在后屋面骨架上铺 2cm 厚木板，再铺两层苯板（10cm 厚），用 1∶5 白灰炉渣找坡（8cm 厚），上面抹水泥沙浆再铺油毡烫沥青约 3cm 厚，如图 4-36、图 4-37 所示。

（6）防寒沟的设置

① 简易防寒沟　在温室前底脚外侧挖深 0.5～0.8m、宽 0.3～0.5m 的防寒沟，内填隔热物如锯末、马粪、禽粪、稻壳、麦糠等酿热物，保温隔热效果较好。这些有机隔热物每 1～2 年更换一次，否则会降低防寒效果。有机隔热物起出后已完全腐熟，可以作有机肥施用。防寒沟上用 10cm 厚的自然土夯实。

② 永久性防寒沟　挖好防寒沟后经防潮处理，填入聚苯板、珍珠岩等，上面用砖石和水泥等封好，不进行更换而永久使用。

表 4-16 列出了跨度 7.5m、矢高 3.3m、长度 88m、占地约 660m² 的钢架无柱日光温室所需主要建造材料。

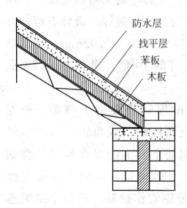

图 4-36 后屋面结构示意

图 4-37 建造后屋面

表 4-16 钢架无柱温室建造材料表

名称	规 格	单位	数量	用途
镀锌管	6分,8.5m	根	111	拱架上弦
钢筋	φ12,8m	根	111	拱架下弦
钢筋	φ10,10m	根	111	腹杆(拉花)
钢筋	φ14,88m	根	3	横向拉筋
槽钢	5cm×5cm×5cm,90m	根	1	焊接拱架顶部
角钢	5cm×5cm×4mm,90m	根	2	顶梁、地梁预埋
镀锌管	6分,90	根	1	后屋面上拴绳
钢筋	φ10,90m	根	2	顶梁、地梁附筋
钢筋	φ10,90m	根	4	顶梁钢筋
水泥	325#	t	20	沙浆、浇梁
毛石		m³	35	基础
沙子		m³	40	沙浆
碎石	2~3cm	m³	3	浇梁
黏土砖	24cm×11.5cm×5.3cm	块	47000	后墙、山墙
木材		m³	4	门窗、横板、板箔
细铁丝	16#~18#	kg	2	绑线
炉渣		m³	10	墙体、后坡填充
苯板	200cm×100cm×6cm	块	352	墙体、后坡保温
白灰	袋装	t	0.5	抹墙里
沥青		t	1.5	防水
油毡纸	捆		20	防水

注：未计算作业间建造材料。

3. 日光温室的辅助设施

（1）灌溉系统　日光温室的灌溉以冬季、早春寒冷季节为重点，不宜利用明水道灌水，最好采用地下管道把水引入温室，或在温室内打小井。安装地下管道，对于地下水位低的地区，需要打深井，设置水塔或较高的贮水池。在冻土层下埋设管道，在每栋温室内连接出水管，直接进行灌水。对于地下水位较高，又没有地下管道设备，可在建温室前打好小井，安装小型水泵抽水灌溉。不论采用哪种灌溉方法,均应在田间规划时确定,在施工前完成。

园艺植物的设施栽培中,常用的沟灌往往使棚内湿度大,病害发生严重,且灌水施肥用工多,劳动强度大,因此,适于保护地栽培的灌溉施肥系统应运而生。软管滴灌系统是近几年发展起来的新型节水灌溉设施,它节水效果好,且施工简单,易于操作,成本低,是目前设施园艺较理想的一种节水灌溉模式。其工作原理是把一定压力的水流输送到经过特殊处理的带有微孔的黑色聚乙烯膜管中,以细小的水流沿着膜管的微孔缓慢下渗到作物根部。滴灌系统要求水源的水量充足,水质无污染,池塘水、水库水、河流水、井水均可。

系统主要由供水装置和输水管道两部分组成。供水装置主要包括自吸泵、施肥罐、过滤器三部分。输水管道由控制阀、输水管和带有微孔的软膜管三部分连接而成。

软管的铺设一般在作物定植后,覆地膜之前进行。定植前要尽量整平畦面,这样软管滴灌水量易分布均匀,若畦面高低相差大,往往地势低段水量大。安装时主管进水口端与控制阀连接,出水端与出水支管的连接方法是先将主管按作物行距打孔后安装旁通,再将旁通的出水口与出水支管软带连接并扎紧固定,然后将支膜管平铺在植株根部,末端扭转用绳子扎牢。支膜管的长短视垄的长短而定。注意膜管铺放时必须拉平拉直,不能扭转,以防阻水,膜管的微孔朝下,便于水流缓缓渗入土壤进行灌溉。使用时开启自吸泵开关,水就进入软管滴灌系统。

应用软管滴灌系统可以防止水分向深层土壤渗漏,也可减少地表径流和水分蒸发,从而可减少灌水量。据调查,软管滴灌系统比沟灌可节约用水50%~80%;应用该系统追肥可采取先溶解后随水追施的方法,由于支软管的出水口均在植株根部,减少了肥料的损失;采用该系统可大大减轻病害的发生与蔓延,因此减少了打药的次数和用药量;使用软管滴灌系统,灌溉前不需整畦,浇水不需人工看管,只要接通电源,开动水泵,打开阀门即可自动灌水施肥。如图4-38所示为简易软管滴灌安装示意。

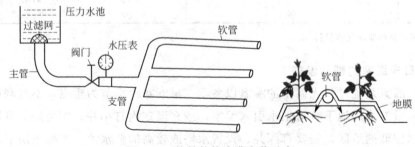

图4-38 简易软管滴灌安装示意

(2)作业间 日光温室设置作业间,出入方便,可防止冷风直接吹入温室内,减少缝隙放热,又可保存部分工具,还可作为管理人员的休息室。有不少农民把作业间建成临时或永久住宅,居住、劳动在一起。作业间在温室的东山墙外或西山墙外均可,以靠近道路一侧为宜。作业间的大小根据需要决定。与住宅兼用的作业间应较大,多建两间;单纯作业间面积以 $6m^2$ 为宜。

(3) 卷帘机 日光温室前屋面夜间覆盖草苫或保温被,白天卷起。人工卷放所用时间较长,对温室升温和作物光合作用不利。利用电动卷帘机卷放草苫,可以大幅度缩短卷放时间。目前温室上常用的电动卷帘机有以下三种形式。

① 提拉式卷帘机 此类型为固定式卷帘机,适用于卷放草苫。卷帘机安装在温室后屋面中部,每 3m 设一个槽形钢架,上部固定轴瓦,用 5cm 的钢管穿入轴承中,在温室后屋面中部安装一台电动机和减速机(图 4-39)。在草苫下端横向卷入与温室长度相等的钢管或木杆作卷芯,并用铁丝固定好。在草苫下纵向铺放数根拉绳,绳的上端固定在后屋面上,下端从草苫上绕回到屋顶,系在卷帘轴上。启动电机后,卷帘轴缓慢转动,将拉绳缠绕到卷帘轴上,草苫卷上升,完成卷帘。放苫时电机反转,草苫在重力作用下,沿温室前屋面坡度滚落。该大棚卷帘机主体结构简单,固定支架可自己购买三角铁焊接,安装简便。棚面无障碍物阻隔,故可使用一幅塑料薄膜作"浮膜",连同草苫或保温被一起卷放。该类型卷帘机的缺点是由于所需拉绳较多,使用过程中,一旦卷入操作人员的衣服或手指,易造成人身事故发生,安全隐患较大。另外,由于每条绳子受力不均,使用一段时间后,松紧不一,需经常调整绳子松紧。

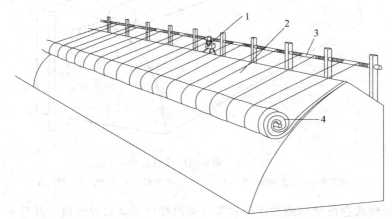

图 4-39 提拉式卷帘机结构
1—卷帘机;2—卷帘绳;3—卷帘轴;4—草苫

② 双跨悬臂式卷帘机 双跨悬臂式卷帘机是一种自驱动型卷帘机,适用于卷放草苫和保温被。悬臂由立杆和撑杆两部分组成。该类型卷帘机将主机置于温室中央,其减速机的输出轴为双头,通过法兰盘分别与两边的卷帘轴连接,保温帘亦分为左右两部

分,温室中央安装卷帘机的部位单放一块保温帘。卷放草苫时电机与减速机一起沿屋面滚动运行。电机正转时,卷帘轴卷起草苫;电机反转时,放下草苫,如图4-40所示。

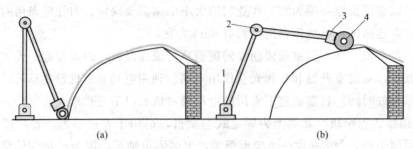

图4-40 双跨悬臂式卷帘机示意
(a) 铺放保温帘;(b) 卷起保温帘
1—基座;2—支撑杆;3—卷帘机;4—卷帘轴

③ 侧置摆杆式卷帘机 该卷帘机结构和双跨悬臂式卷帘机相同,是自驱动型卷帘机的又一种形式,适合卷放保温被。电机和减速机悬挂在温室一侧的固定杆上,动力输出端通过万向节、传动轴与卷帘轴相连。随电机转动,动力传动轴随卷帘浮动旋转,完成卷帘工作。铺放时,电机反转即可。如图4-41所示。

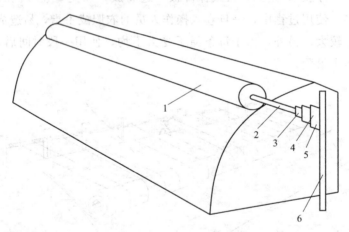

图4-41 侧置摆杆式卷帘机
1—保温被;2—传动轴;3—万向节;4—减速机;5—电机;6—固定杆

双跨悬臂式卷帘机和侧置摆杆式卷帘机两种自驱动式卷帘机,其基本工作原理是通过主机转动卷杆,卷杆直接拉动草苫或保温被,并且拉放均有动力支持,是目前应用较为广泛的一种卷帘机类型。该类型卷帘机减少了上卷轴、支架和绳子等设施,因而成本减少,且采用了直接卷动,卷放自如,成型较紧。其缺点是减速机随草帘升降,工作条件不固定,传动轴上的拗劲直接作用在减速机上,因而对减速机强度要求大,停电时人工操作有一定难度。

（4）贮水设备　日光温室严寒冬季灌水，由于水温低，影响作物根系正常发育，因此，农民很早就有用大缸在温室内贮水提高水温的经验。但是大缸盛水量较少，又占地较多，近年有些地区在日光温室中建贮水池，不但可增加贮水量，还比大缸减少了占地面积。贮水池多建在靠温室西山墙处，用黏土砖砌筑成 1m 宽、4~5m 长、1m 深的半地下式贮水池，用防水砂浆抹严，池口担木棱，上面覆盖薄膜，白天水温随气温升高，夜间防止蒸发提高空气湿度。

（5）输电线路　日光温室需要照明，应安装民用电线，安上灯泡以利于夜间作业。有时需设置电热温床；利用室内小井灌溉，小型水泵要用电。因此，在建造温室时，应统一规划和布置输电线路，把电线引入温室内。输电线路应由电工统一架设，并安装用电设备。

（6）反光幕　反光幕为镀铝聚酯膜，幅宽 1m，两幅镀铝膜连接起来形成 2m 高的反光面。当太阳照射到反光幕，光线反射到 3m 范围内的地面和作物上，增加了光照度，提高了地温和气温。离反光幕越近，补光增温效果越好。详见表 4-17、表 4-18。反光幕遮住了后墙，减少了后墙蓄热量，使温室后部昼夜温差加大，抑制了后部蔬菜徒长，有利于增加产量。此外，反光幕有驱避蚜虫的作用，既可减少蚜虫危害，又能防止蚜虫传播病毒病。

表 4-17　反光幕的增温效果

位置（距后墙距离）	地表照度				60cm 空间照度			
	0	1m	2m	3m	0	1m	2m	3m
张挂反光幕/klx	35.1	36.3	39.5	34.3	44.2	43.6	46.5	46.5
对照/klx	25.0	28.5	33.3	31.4	30.9	36.0	41.4	43.1
增光量/klx	10.1	7.80	6.20	2.90	13.3	7.6	5.10	3.40
增光率/%	40.4	27.4	18.6	9.2	43.0	21.1	12.3	7.9

表 4-18　反光幕对地温的影响　　　　　　　　单位：℃

深度	5cm			10cm		
测定时间	8:30	14:00	18:00	8:00	14:00	18:00
张挂反光幕地温	16.0	25.2	21.4	14.0	22.1	19.8
对照地温	14.1	22.3	18.6	13.4	20.3	17.9
地温差值	1.9	2.9	2.8	0.6	1.8	1.9

张挂反光幕时在温室中柱北侧或后墙处，距地面 2m 高度东西横拉一道细铁丝，把两幅镀铝膜用透明胶布粘贴连接，长度与温室长度相同，上边搭在细铁丝上，用曲别针夹住，垂直张挂。东西山墙处张挂反光幕，可贴在墙上张挂。反光幕

的下边卷成筒，卷入塑料绳，两端钉木桩拴塑料绳固定，防其随风摆动，如图4-42所示。

图4-42 温室后墙张挂反光幕

日光温室必须选用外层覆有塑料薄膜的镀铝聚酯反光幕，否则聚酯镀铝膜在温室内潮湿的环境条件下易脱落，影响增光效果。张挂时间一般在11月至翌年3月。张挂时间不宜过长，否则会造成强光、高温危害，反而影响作物生长发育。定植初期，靠近反光幕处要注意补浇水，防止烤苗，最好在作畦时让北端稍低，这样每次灌水可多些。应用反光幕育苗时，最好在反光幕前留50cm宽的过道，再按东西走向做成2m宽的畦，使畦内温光条件基本一致，从而达到苗齐、苗壮，管理又方便的目的。反光幕一般注意保管可使用5年，对日光温室后部作物增产明显。

资料卡　新型覆盖材料

PO系农膜

PO系特殊农膜系多层复合高效功能膜，是以PE、EVA优良树脂为基础原料，加入保温强化剂、防雾剂、光稳定剂、抗老化剂、爽滑剂等系列高质量适宜助剂，通过二三层共挤工艺路线生产的多层复合功能膜。该膜克服了PE、PVC树脂的缺点，使其具有较高的保温性；具有高透光性，且不沾灰尘，透光率下降慢；耐低温，燃烧不生成有害气体，安全性好；使用寿命长达3～5年。缺点是延展性小，不耐磨，形变后复原性差。

氟素农膜

氟素农膜是由乙烯与氟素乙烯聚合物为基质制成。与聚乙烯膜相比可谓是超耐候、超透光、超防尘，连续使用10～15年不变色、不污染，透光率仍在90%；耐高温、低温性强，在高温强日照下与金属部件接触部位不变性，在严寒冬季不硬化、不脆裂。缺点是不能燃烧处理，且价格昂贵。该膜在日本大面积使用，在欧美国家应用面积也很大。

LS反光遮阳保温材料

LS反光遮阳保温材料是经特殊设计制造的一种缀铝反光遮阳保温膜，它具有反光、遮阳、降温功能，保温节能与控制湿度功能，以及防雨、防强光、调控光照时间等多种功能。

第二节　现代化温室

现代化温室通常是指能够进行温度、湿度、肥料、水分和气体等环境条件自动控制的大型单栋和连栋温室。这种园艺设施每栋一般在 1000m^2 以上，大的可达 30000m^2，用玻璃或硬质塑料板和塑料薄膜等进行覆盖配备，环境基本不受自然气候的影响，由计算机监测和智能化管理系统控制，可以根据作物生长发育的要求自动调节环境因子，满足生长要求，能够大幅度提高作物的产量、质量和经济效益，是园艺设施的高级类型。

一、现代化温室的结构

1. 现代化温室的规格尺寸

（1）单体尺寸　现代化温室的单体尺寸主要包括跨度、开间、檐高、脊高等。

① 跨度　指温室的最终承力构架在支撑点之间的距离。通常温室跨度规格尺寸为 6.0m、6.4m、7.0m、8.0m、9.0m、9.6m、10.8m、12.8m。

② 开间　指温室最终承力构架之间的距离。通常开间规格尺寸为 3m、4m、5m。

③ 檐高　指温室柱底到温室屋架与柱轴线交点之间的距离。温室檐高规格尺寸为 3.0m、3.5m、4.0m、4.5m。

④ 脊高　指温室柱底到温室屋架最高点之间的距离。通常为檐高和屋盖高度的总和。

（2）总体尺寸　现代化温室的总体尺寸主要包括温室的长度、宽度、总高等。

① 长度　指温室在整体尺寸较大方向的总长。

② 宽度　指温室在整体尺寸较小方向的总长。

③ 总高　指温室柱底到温室最高处之间的距离，最高处可以是温室屋面的最高处或温室屋面外其他构件（如外遮阳系统等）。

2. 现代化温室的屋架结构

（1）屋脊形连栋温室　荷兰温室是屋脊形连栋温室的典型代表。其基础由预埋件和混凝土浇注而成，薄膜温室基础比较简单，玻璃温室较复杂，且必须浇注边墙和端墙的地固梁。温室骨架一类是柱、梁、天沟或拱架，均用矩形钢管、槽钢等制成，经过热浸镀锌防锈蚀处理，具有很好的防锈能力；另一类是门窗、屋顶等为铝合金轻型钢材，经抗氧化处理，轻便美观、不生锈、密封性好，且推拉开启省力。如图 4-43 所示。

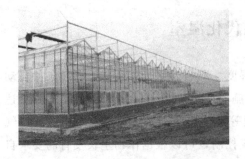

图 4-43 屋脊形连栋温室　　　　　图 4-44 拱圆形连栋温室

（2）拱圆形连栋温室　目前我国引进和自行设计的拱圆形连栋温室较多，这种温室的透明覆盖材料采用塑料薄膜，因其自重较轻，所以在降雪较少或不降雪的地区，可大量减少结构安装件的数量，增大薄膜安装件的间距。由于框架结构比玻璃温室简单，用材量少，建造成本低。如图 4-44 所示。

由于塑料薄膜较玻璃保温性能差，因此提高薄膜温室保温性能的一个重要措施是采用双层充气薄膜，如图 4-45 所示。同单层薄膜相比较，双层充气薄膜的内层薄膜内外温差较小，在冬季可减少薄膜内表面冷凝水的数量。同时，外层薄膜不与结构件直接接触，而内层薄膜由于受到外层薄膜的保护，可以避免风、雨、光的直接侵蚀，从而可分别提高内外层薄膜的使用寿命。为了保持双层薄膜之间的适当间隔，常用充气机进行自动充气。但双层充气膜的透光率较低，因此在光照弱的地区和季节，生产喜光作物时不宜使用。

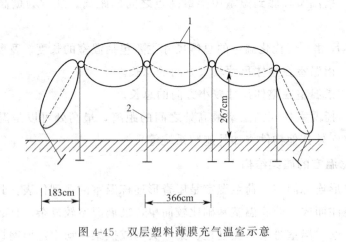

图 4-45 双层塑料薄膜充气温室示意
1—薄膜；2—支柱

3. 现代化温室的覆盖材料

理想的覆盖材料应是透光性、保温性好，坚固耐用，质地轻，便于安装，价格低廉等。现代化温室覆盖材料主要为平板玻璃、塑料板材和塑料薄膜。

(1) 玻璃　温室用的普通平板玻璃大多数 3~4mm 厚，钢化玻璃为 5mm 厚。玻璃的主要特点是防尘、防腐蚀，使用寿命长，一般可用 30 年以上；透光率高，一般为 90% 左右，透光率很少随着使用年限的延长而下降。其不足之处是密度大（$2.5g/cm^3$），对支架的坚固性要求高；容易破碎，而且普通平板玻璃透紫外线能力低，不利于作物的生长。近年来，一些国家开发出热射线吸收玻璃、热射线发射玻璃、热敏和光敏玻璃等一系列多功能玻璃，但由于价格贵等原因，目前还未推广使用。

(2) 塑料板材　塑料板材又称硬质塑料板，是指厚度为 0.25mm 以上的塑料板。近年来，随着化学工业的发展，硬质塑料板在设施中的使用量有所增加。硬质塑料板从结构上分有平板、波纹板及复层板三种，其厚度大多为 0.8mm 左右，以往大多以 PVC、FRP（玻璃纤维增强聚酯树脂）板和 FRA（玻璃纤维增强聚丙烯树脂）板较多，但由于前二者使用一定时间后易发生变色，目前大多以 FRA、MMA（丙烯树脂）板和 PC（聚碳酸酯树脂）板为多。硬质塑料板不仅具有较长的使用寿命（10~15 年），而且透光率可达 90% 以上，机械强度高，保温性好，节能效果显著。目前，由于塑料硬板的价格较高，使用面积有限。常用硬质塑料板的性能如下。

① 玻璃纤维增强聚酯树脂板（FRP 板）　它是聚酯树脂与玻璃纤维所制成的复合材料，厚度为 0.6~1mm，波幅宽 32mm。FRP 板主要透过 380~2000nm 之间的光谱线，紫外线透过少，近红外线透过多。使用年限 10 年以上。

② 丙烯树脂板（MMA 板）　它是由丙烯树脂加工而成，厚度为 1.3~1.7mm，波幅宽 63mm 或 130mm。以优良的耐候性和透光性为特点，长期使用也不会变差，性能稳定。可透过 300nm 以下的紫外线，适合于花卉和茄子等栽培。

③ 玻璃纤维增强聚丙烯树脂板（FRA 板）　它是由丙烯树脂与玻璃纤维所制成的复合材料。FRA 板有 32 条波纹板和平板两种，厚度为 0.7~1mm，波幅宽 32mm。FRA 板与 FRP 板具有同等的机械性能和物理特性，而采光性能比 FRP 板更好，透过光线范围更广，即可达 280~5000nm。

④ 聚碳酸酯树脂板（PC 板）　它是由碳酸酯树脂加工而成，有波纹板（厚度 0.7~1.5mm）和复层板（厚度 3~10mm）两种规格。主要特点是耐冲击强度高，是玻璃的 40 倍，能承受冰雹、强风、雪灾；透光率高达 90%，并且随着时间的延长下降缓慢；温度适应范围广，耐寒、耐热性好；保温性能强，为玻璃的 2 倍；不结露，阻燃。缺点是阻止紫外线的通过，因此，不适合用于需要由昆虫来促进授粉授精和那些含较多花青素的作物。

(3) 半硬质薄膜 目前，国外使用的半硬质膜主要有半硬质聚酯膜（PET）和氟素膜（ETFE），半硬质膜的厚度为 0.150～0.165mm，其表面经耐候性处理，具有 4～10 年的使用寿命。该类型薄膜由于燃烧时会产生有害气体，回收后需由厂家进行专业处理。

二、现代化温室的类型

如上所述，现代化温室按屋面特点可分为屋脊形连栋温室、拱圆形连栋温室等类型。屋脊形连栋温室大多分布在欧洲，以荷兰面积最大。拱圆形连栋温室主要在法国、以色列、美国、西班牙、韩国等国家广泛应用。现代化温室的代表类型有以下几种。

1. 芬洛型玻璃温室

芬洛型（Venlo type）温室系我国引进的玻璃温室的主要形式，为荷兰研究开发而后流行于全世界的一种多脊连栋和单脊连栋小屋面玻璃温室。这类温室的主要特点是：温室骨架采用钢架和铝合金，透明覆盖材料采用 4mm 厚的园艺专用玻璃，透光率大于 92%，由于屋面玻璃安装从排水沟直通屋脊，中间不加檩条，减少了屋面承重构件的遮光，且排水沟在满足排水和结构承重的条件下，最大限度地减少了排水沟的截面（沟宽从 0.22m 缩小到 0.17m），提高了透光性。开窗设置以屋脊为分界线，左右交错开窗，每窗长度 1.5m，一个开间（4m）设两扇窗，中间 1m 不设窗，屋面开窗面积与地面积比率（通风窗比）为 19%。

温室单间跨度为 6.4m、8m、9.6m、12.8m，开间距 3m、4m 或 4.5m，檐高 3.5～5.0m，每跨由 2 个或 3 个（双屋面的）小屋面直接支撑在桁架上，小屋面跨度 3.3m，矢高 0.8m。玻璃屋面角为 25°。近年有改良为 4.0m 跨度的，根据桁架的支撑能力，还可将两个以上的 3.2m 的小屋面组合成 6.4m、9.6m、12.8m 的多脊连栋型大跨度温室。如图 4-46 所示。

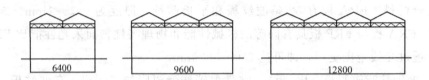

图 4-46 芬洛型温室常见结构形式（单位：cm）

2. 里歇尔温室

里歇尔（Richel）温室是法国瑞奇温室公司研究开发的一种流行的塑料薄膜温室，在我国引进温室中所占比重最大。此类温室一般单栋跨度为 6.4m、8m，檐高 3.0～4.0m，开间距 3.0～4.0m，其特点是固定于屋脊部的天窗能实现半边屋面

（50%屋面）开启通风换气，也可以设侧窗、屋脊窗通风，自然通风效果较好。且采用双层充气膜覆盖，可节能 30%～40%，构件比玻璃温室少，空间大，遮阳面少，根据不同地区风力强度大小和积雪厚度，可选择相应类型结构，但双层充气膜在南方冬季阴雨雪情况下，影响透光性。

3. 卷膜式全开放型塑料温室

我国国产拱圆形连栋塑料温室多采用此形式，例如上海市农机所研制的 GSW7430 型连栋温室和 GLZW7.5 智能型温室等，其顶高 5m，檐高 3.5m。该类温室的特点是整栋温室除山墙外，顶侧屋面均通过手动或电动卷膜机将覆盖薄膜由下而上卷起通风透气，其卷膜的面积可将侧墙和 1/2 屋面或全屋面的覆盖薄膜通过卷膜装置全部卷起来而成为与露地相似的状态，以利夏季高温季节栽培作物。由于通风口全面覆盖凉爽纱而有防虫之效。该类温室简易、节能，成本低，利于夏季通风降温，夏季接受雨水淋溶可防止土壤盐类积聚，是一种冬夏两用的开放型温室。如图 4-47 所示。

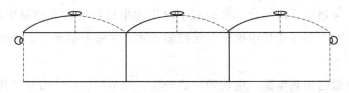

图 4-47　卷膜式全开放型温室示意

4. 屋顶全开启型温室

其是最早由意大利的 Serre Italia 公司研制成的一种全开放型玻璃温室。其特点是根据室内温度、湿度、二氧化碳含量、土壤温湿度和室外风速、降水量等情况通过电脑智能控制自动关闭屋顶。屋顶开启以天沟檐部为支点，可以从屋脊部打开天窗，开启度可达到垂直程度，即整个屋面的开启度可以从完全封闭直到全部开放状态，侧窗则用上下推拉方式开启，全开后达 1.5m 宽，全开时可使室内外温度保持一致。如图 4-48 所示。中午室内光强可超过室外，也便于夏季接受雨水淋洗，防止土壤盐类积聚。可依室内温度、降水量和风速而通过电脑智能控制自动关闭窗，结构与芬洛型相似，比较适合南方高温多雨地区。

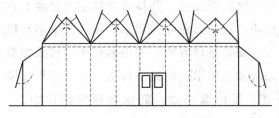

图 4-48　屋顶全开启型温室示意

三、现代化温室的生产系统

1. 自然通风系统

自然通风是温室通风换气、调节室温的主要方式。自然通风系统有侧窗通风、顶窗通风或顶侧窗通风三种类型。屋顶通风即是打开温室屋顶覆盖物进行通风换气，薄膜温室一般通过卷膜装置打开，玻璃温室可通过移动式等方法打开，屋顶通风换气量大；侧窗通风就是打开侧窗通风，常用的有转动式、卷帘式和移动式三种方式打开，玻璃温室多采用转动式和移动式，薄膜温室多采用卷帘式。通风窗的开启常采用联动式驱动系统，工作原理是发动机转动时带动纵向转动轴，并通过齿轴-齿轮机构，将转动轴的转动变为推拉杆在水平方向上的移动，从而实现顶窗启闭。因此，在整个传动机构中，齿轮、齿条的质量和加工精度，是开窗系统运行可行性的关键。

2. 加热系统

加热系统与通风系统结合，可为温室内作物生长创造适宜的温度和湿度条件。目前冬季加热方式多采用集中供热分区控制方式，主要有热水管道加热和热风加热两种系统。

（1）热水管道加热系统 由锅炉、锅炉房、调节组、连接附件及传感器、进水及回水主管、温室内非散热管等组成。在供热调控过程中，调节组是关键环节，主调节组和分调节组分别对主输水管、分输水管的水温按计算机系统指令，通过调节阀门叶片的角度来实现水温高低的调节。温室散热管道有圆翼型和光管型两种，设置方式有升降式和固定式之分，按排列位置可分垂直和水平排列两种方式。热水加热系统在我国通常采用燃煤加热，其优点是室温均匀，停止加热后室温下降速度慢，水平式加热管道还可兼作温室高架作业车的运行轨道；缺点是室温升高慢，设备材料多，一次性投资大，安装维修费时费工。燃煤排出的炉渣、烟尘污染环境，需另占土地。

（2）热风加热系统 它是利用热风炉通过风机把热风送入温室各部分加热的方式。该系统由热风炉、送气管道（一般用 PE 膜做成）、附件及传感器等组成。热风加热采用燃油或燃气进行加热，其特点是温室内温度上升速度快，但在停止加热后，温度下降也快，且易形成叶面积水，加热效果不及热水管道。但设备和材料较热水管道节省，安装维修方便，占地面积小。热风加热适用于面积小、加温周期短、局部或临时加热需求大的温室选用。温室面积规模大的，仍常采用燃煤锅炉热水供暖方式，运行成本低，能较好地保证作物生长所需的温度。如图 4-49 所示。

此外，温室的加温还可利用工厂余热、太阳能集热加温器以及地下热交换等节能技术。

3. 幕帘系统

包括帘幕系统和传动系统。

（1）帘幕系统　帘幕依安装位置可分为内遮阳保温幕和外遮阳幕两种，如图 4-50 所示。

① 内遮阳保温幕　内遮阳保温幕系采用铝箔条或镀铝膜与聚酯线条间隔经特殊工艺编织而成的缀铝膜。按保温和遮阳不同要求，嵌入不同比例的铝箔条，具有保温节能、遮

图 4-49　热风炉加温的送气管道

阳降温、防水滴、减少土壤蒸发和蒸腾从而节约灌溉用水的功效。这种密闭型的膜，可用于白天温室遮阳降温和夜间保温。夜间因其能隔断红外长光波阻止热量散失，故具有保温的效果，在晴朗冬夜盖幕的不加温温室比不盖幕的平均增温 3~4℃，最大高达 7℃，可节约能耗 20%~40%。而白天覆盖铝箔可反射光能 95% 以上，因而具有良好的降温作用。

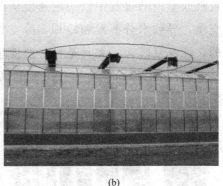

(a)　　　　　　　　　　　　　　(b)

图 4-50　现代化温室的帘幕系统

(a) 内遮阳系统；(b) 外遮阳系统

② 外遮阳系统　外遮阳系统利用遮光率为 70% 或 50% 的透气黑色网幕或缀铝膜（铝箔条比例较少）覆盖于离顶通风温室顶上 30~50cm 处，比不覆盖的可降低室温 4~7℃，最多时可降低 10℃，同时也可防止作物日灼伤，提高品质和产量。

（2）传动系统　幕帘的传动系统有钢索轴拉幕系统和齿轮齿条拉幕系统两种。前者传动速度快，成本低；后者传动平稳，可靠性高，但造价略高，两种都可自动

控制或手动控制。

4. 降温系统

我国大部分地区冬季寒冷，夏季又比较炎热，温度超过了许多农作物正常生长发育所需温度，温室配备降温系统可提高设施利用率，实现冬夏两用温室的建造目标。常见的降温系统如下所述。

（1）微雾降温系统 微雾降温系统使用普通水，经过微雾系统自身配备的两级微米级的过滤系统过滤后进入高压泵，经加压后的水通过管路输送到雾嘴，高压水流以高速撞击针式雾嘴的针，从而形成微米级的雾粒，喷入温室，迅速蒸发以大量吸收空气中的热量，然后将潮湿空气排出室外达到降温目的。适于相对湿度较低、自然通风好的温室应用，不仅降温成本低，而且降温效果好，其降温能力在3～10℃之间，是一种最新降温技术，一般适于长度超过40m的温室采用。该系统也可用于喷农药、施叶面肥和加湿及人工造景等多功能微雾系统，产品依功率大小已有多种规格。

（2）湿帘降温系统 湿帘降温系统是利用水的蒸发降温原理实现降温。以水泵将水打至温室帘墙上，使特制的疏水湿帘能确保水分均匀淋湿整个降温湿帘墙，湿帘通常安装在温室的北墙上，以避免遮光影响作物生长，风扇则安装在南墙上，当需要降温时启动风扇将温室内的空气强制抽出，形成负压；室外空气因负压被吸入室内的过程中以一定速度从湿帘缝隙穿过，与潮湿介质表面的水汽进行热交换，导致水分蒸发和冷却，冷空气流经温室吸热后经风扇排出而达到降温的目的。在炎夏晴天，尤其是中午温度达最高值、相对湿度最低时，降温效果最好，是一种简易有效的降温系统，但高湿季节或地区则降温效果受影响。如图4-51所示。

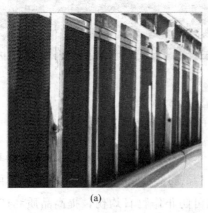 

(a)　　　　　　　　　　　　　　(b)

图 4-51　湿帘-风机系统

(a) 湿帘；(b) 风机

5. 补光系统

补光系统成本高，目前仅在效益高的工厂化育苗温室中使用，主要是弥补冬季或阴雨天的光照不足对育苗质量的影响。所采用的光源灯要求有防潮专业设计、使用寿命长、发光效率高、光输出量比普通钠灯高10%以上。南京灯泡厂生产的生物效应灯和荷兰飞利浦的农用钠灯（400W），其光谱都近似日光光谱，由于是作为光合作用能源补充阳光不足，要求光强在1×10^4lx以上。悬挂的位置宜与植物行向垂直。

6. 补气系统

（1）二氧化碳施肥系统　二氧化碳气源可直接使用贮气罐或贮液罐中的工业用二氧化碳，也可利用二氧化碳发生器将煤油或石油气等碳氢化合物通过充分燃烧而释放二氧化碳。如采用二氧化碳发生器可将发生器直接悬挂在钢架结构上；采用贮气贮液罐则需通过配置电磁阀、鼓风机和输送管道把二氧化碳均匀地分布到整个温室空间，为及时检测二氧化碳浓度需在室内安装二氧化碳分析仪，通过计算机控制系统检测并实现对二氧化碳浓度的精确控制。我国主要采用化学反应方法，即碳酸盐与强酸在二氧化碳发生器发生化学反应产生二氧化碳，这种方法简单、成本低，使用时可将发生器直接悬挂在温室内，也可人背二氧化碳发生器走动施肥。

（2）环流风机　封闭的温室内，二氧化碳通过管道分布到室内，均匀性较差，启动环流风机可提高二氧化碳浓度分布的均匀性。此外通过风机还可以促进室内温度、空气相对湿度分布均匀，从而保证室内作物生长的一致性，改善品质，并能将湿热空气从通气窗排出，实现降温的效果。如图4-52所示。

7. 计算机自动控制系统

自动控制是现代温室环境控制的核心技术，可自动测量温室的气候和土壤参数，并对温室内配置的所有设备都能实现优化运行而实行自动控制，如开窗、加温、降温、加湿、光照和二氧化碳补气、灌溉施肥和环流通气等。该系统目前已不是简单的数字控制，而是基于专家系统的智能控制，一个完整的自动控制系统包括气象监测站、微机、

图4-52　空气内循环风机

打印机、主控制器、温湿度传感器、控制软件等。控制设备依其复杂程度、价格高低、使用规模大小的不同要求，有不同产品。较普及的是微处理机型的控制器，以电子集成电路为主体，利用中央控制器的计算能力与记忆体贮存资料的能力进行控

制作业。例如,荷兰现代大型温室使用的专用环控计算机,是一种适于农业环境下使用的能耐温湿度变化,又能忍受瞬间高压电流的专用电脑,具有强大的运算功能、逻辑判断功能与记忆功能,能对多种气候因子参数进行综合处理,能定时控制并记录资料,并可连接通信设备进行异常警告通知,其性能稳定,具有可控一栋或多栋的两种控制器模块。此外,目前还针对大规模温室生产要求,专门开发了能进行温室环控作业的专业电脑中央控制系统,可实施讯号远程传送,利用数据传送机收集各种数据,加以综合判断。

8. 灌溉和施肥系统

灌溉和施肥系统包括水源、储水及供给设施、水处理设施、灌溉和施肥设施、田间管道系统、灌水器如滴头等。进行基质栽培时,可采用肥水回收装置,将多余的肥水收集起来,重复利用或排放到温室外面;在土壤栽培时,作物根区土层下铺设暗管,以利排水。水源与水质直接影响滴头或喷头的堵塞程度,除符合饮用水水质标准外,其余各种水源都要经过各种过滤器进行处理,现代温室采用雨水回收设施,可将降落在温室屋面的雨水全部回收,是一种理想的水源。在整个灌溉施肥系统中,灌溉系统首部配置是保证系统功能完善程度和运行可靠性的一个重要部分,典型的首部布置如图4-53所示。常见的灌溉系统有适于地栽作物的滴灌系统,适于基质袋培和盆栽的滴灌系统,适于温室矮生地栽作物的喷嘴向上的喷灌系统或向下的倒悬式喷灌系统,以及适于工厂化育苗的悬挂式可往复移动式喷灌系统(图4-54)等。

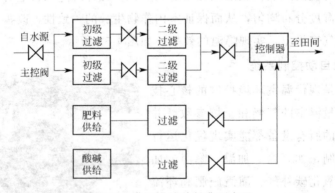

图4-53 灌溉设施首部典型布置

在灌溉施肥系统中,肥料与水均匀混合十分重要,目前多采用混合罐方式,即在灌溉水和肥料施到田间前,按系统EC值和pH的设定范围,首先在混合罐中将水和肥料均匀混合,同时进行定时检测,当电导率(EC)值、pH未达到设定标准值时,至田间网络的阀门关闭,水肥重新回到罐中进行混合,同时为防止不同化学成分混合时发生沉淀,设A、B罐与酸碱液罐。在混合前有两次过滤,以防堵塞。

在首部肥料泵是非常重要的部分，依其工作原理分为文丘里式注肥器、水力驱动式肥料泵、无排液式水力驱动肥料泵和电动肥料泵等不同种类。

9. 温室内常用作业机具

除上述配套设施外，有的还配以穴盘育苗精量播种生产线、组装式蓄水池、消毒用蒸汽发生器、各种小型农机具等配件。

图 4-54　悬挂式自动喷灌系统

四、常用无土栽培设施

在现代化温室中栽培园艺植物普遍采用无土栽培。无土栽培根据作物所需营养来源可分为无机营养无土栽培和有机生态无土栽培。其中无机营养无土栽培形式多样，包括无基质栽培的营养液膜水培（NFT）、深液流水培（DFT）、浮板毛管水培（FCH）、雾培和基质栽培的袋培法、岩棉培和立体栽培等。不同栽培形式所用的栽培设施不同，现分别介绍如下。

1. 营养液膜水培（NFT）设施

营养液膜技术，是一种将植物种植在浅层流动的营养液中的水培方法。其栽培设施主要由种植槽、贮液池以及营养液循环流动系统三部分组成。

（1）种植槽　大株型作物种植槽是用 0.1～0.2mm 厚的白面黑底的聚乙烯薄膜围起来的等腰三角形槽，槽长 20～25m，槽底宽 25～30cm，槽高 20～25cm（图 4-55）。为改善作物的吸水和通气状况，可在槽内底部铺一层无纺布。小株型

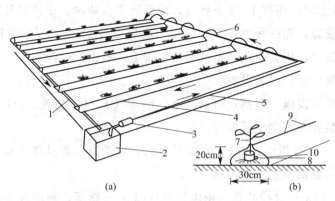

图 4-55　NFT 大型作物种植槽示意

(a) 全系统示意图；(b) 种植槽剖视图

1—回流管；2—贮液池；3—泵；4—种植槽；5—供液主管；
6—供液支管；7—苗；8—育苗钵；9—夹子；10—聚乙烯薄膜

作物的种植槽是用玻璃钢或水泥制成的波纹瓦作槽底,波纹瓦的宽度为100~120cm,谷深2.5~5.0cm,相邻波峰间距10~15cm。全槽长20m左右,坡降1:(70~100)。一般槽都架设在木架或金属架上,高度以方便操作为度。槽上加盖一块2cm厚的有定植孔的硬泡沫塑料板,使其不透光,如图4-56所示。

(2) 贮液池 贮液池位于地平面以下,其容量按大株型作物每株5L,小株型作物每株1L计算。

(3) 营养液循环流动系统 主要由水泵、管道及流量调节阀等组成。水泵应选用耐腐蚀的自吸泵或潜水泵,功率大小应与整个种植面积营养液循环流量相匹配。管道均应采用塑料管道,以防止腐蚀。管

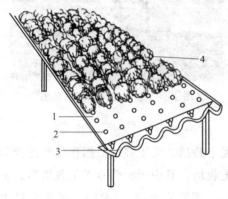

图4-56 NFT小型作物种植槽示意
1—定植板;2—定植孔;3—波纹瓦;4—作物

道安装时要严格密封,同时尽量将管道埋于地面以下,一方面方便工作,另一方面避免日光照射加速老化。管道分两种,一是供液管,从水泵接出主管,在主管上接出支管,其中一条支管引回贮液池上,使一部分抽起来的营养液回流到贮液池中,一方面起搅拌营养液作用使之更均匀并增加液中溶存氧;另一方面可通过其上的阀门调节输往种植槽方向去的流量。在支管上再接许多毛管输到每个种植槽的高端,每槽的毛管设流量调节阀,然后在毛管上接出小输液管引入种植槽中。大株型种植槽每槽设几条直径为2~3mm的小输液管,管数以控制到每槽2~4L/min的流量为度。多设几条小输液管的目的是在其中有1~2条堵塞时,还有1~2条畅通,以保证不会缺水。小株型种植槽每个坡谷都设两条小输液管,保证每坡谷都有液流,流量每谷2L/min。二是回流管。种植槽的低端设排液口,用管道接到集液回流主管上,再引回贮液池中。集液回流的主管要有足够大的口径,以免滞溢。

(4) 其他辅助设施 包括定时器、电导率(EC)自控装置、pH自控装置、营养液温度调节装置和安全报警器等。

① 定时器 间歇供液是NFT水培特有的管理措施。通过在水泵上安装一个定时器从而实现间歇供液的准确控制。

② 电导率(EC)自控装置 由电导率(EC)传感器、控制仪表、浓缩营养液罐(分A、B两个)和注入泵组成。当EC传感器感应到营养液的浓度降低到设定的限度时,就会由控制仪表指令注入泵将浓缩营养液注入贮液池中,使营养液的浓度恢复到原先的浓度。反之,如营养液的浓度过高,则会指令水源阀门开启,加水

冲稀营养液使达到规定的浓度。

③ pH自控装置　由pH传感器、控制仪表和带注入泵的浓酸（碱）贮存罐组成，其工作原理与EC自控装置相似。

④ 营养液的加温和冷却装置　液温太高或太低都会影响作物的生长，通过调节液温以改善作物的生长条件，比对大棚或温室进行全面加温或降温要经济得多。营养液温度控制装置主要由加温或降温装置及温度自控仪两部分组成。

⑤ 安全装置　NFT的特点决定了种植槽内的液层很浅，一旦停电或水泵故障而不能及时供液时，很容易因缺水导致作物萎蔫。有无纺布做槽底衬垫的番茄，在夏季条件下，停液2h即会萎蔫。没有无纺布衬垫的种植槽种植叶菜，停液30min以上即会干枯死亡。所以NFT系统必须配置备用电机和水泵。还要在循环系统中装有报警装置，发生水泵失灵时及时发出警报以便及时补救。

2. 深液流水培（DFT）设施

深液流技术的特点是营养液的液层较深，性质稳定，且循环流动，植株倒挂于营养液的水平面上，部分裸露于空气中，部分浸没于营养液中。深液流水培设施一般由种植槽、定植板与定植杯、地下贮液池、营养液循环流动系统等四大部分组成。

（1）种植槽　种植槽一般宽为60～90cm，深12～15cm，长10～20m。槽底用5cm厚的水泥混凝土制成，然后在槽底的四周用水泥砂浆和砖砌成槽框，再用高标号耐酸抗腐蚀的水泥砂浆抹面，以达防渗防蚀的效果（图4-57）。

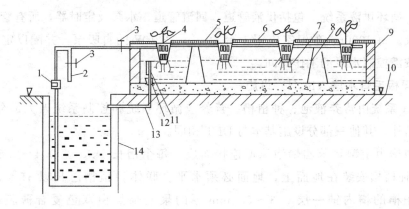

图4-57　深液流水培设施组成纵切面示意

1—水泵；2—充氧支管；3—流量控制阀；4—定植杯；5—定植板；6—供液管；7—营养液；
8—支撑墩；9—种植槽；10—地面；11—液层控制管；12—橡皮塞；13—回流管；14—贮液池

（2）定植板与定植杯　定植板用聚苯乙烯硬泡沫板制成，长一般为1.5～2.0m，厚约3cm［见图4-58(a)］。板面开若干个定植孔，孔径为5～6cm，定植孔内嵌一只塑料定植杯［见图 4-58(b)］，高 7.5～8.0cm，杯口直径与定植孔相同，杯口外沿有一宽约 5mm 的唇，以卡在定植孔上，杯的下半部及底部开出许多直径 5mm 的孔。定植板的宽度比种植槽宽 10cm，使定植板的两边能架在种植槽的槽壁上，这样可使定植板连同定植杯悬挂起来。若定植板中部向下弯曲时，则需在槽的中间位置架设水泥墩等制成的支撑物以支持植株、定植杯和定植板的重量。

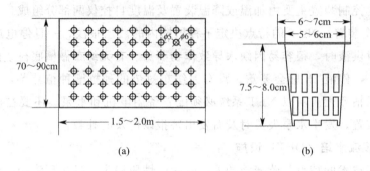

图 4-58 DFT 定植板
(a) 定植板平面图；(b) 定植杯

（3）地下贮液池 贮液池容积的设计按照大株型作物每株占液 15～20L，小株型作物每株占液 3L 计算。算出总需液量后，以其一半作为贮液池容积即可。一般 1000m² 的温室需设 20～30m³ 的地下贮液池。建筑材料应选用耐酸抗腐蚀的水泥为原料，池壁砌砖，池底为水泥混凝土结构，池面应有盖，保持池内黑暗以防藻类滋生。

（4）循环供液系统 包括供液管道、回流管道、水泵及定时器，所有管道均用塑料制成。每 1000m² 的温室应用 1 台 50mm、22kW 的自吸泵，并配以定时控制器，以按需控制水泵的工作时间。

3. 浮板毛管水培（FCH）设施

FCH 系统由营养液池、种植槽、营养液循环系统和控制系统四大部分组成。除种植槽外，其他三部分设施基本与 DFT 相同。

种植槽由定型聚苯乙烯泡沫槽连接而成，每个槽长 1m、宽 0.4～0.5m、高 0.1m。种植槽安装在地面上，地面必须水平。联体种植槽总长以 15～30m 为宜。种植槽的槽内铺一层 0.3～0.4mm 厚的聚乙烯黑白双色复合薄膜或两层 0.15mm 厚的黑色薄膜。薄膜必须无破损，以防漏液。种植槽内放置 1.25cm 厚、14cm 宽的聚苯乙烯泡沫板作为浮板，漂浮在营养液的表面。浮板上覆盖一层 25cm 宽的无纺布（规格为 50g/m²）作为湿毡。植物一部分根系在湿毡上生长，吸收空气中的氧气；一部分根系浸在营养液中吸收水分和养分。定植板选用 2.5cm 厚、40～50cm 宽的聚苯乙烯泡沫塑料板，覆盖在聚苯乙烯泡沫槽上。定植板上有两排定植孔，行株距为 40cm×20cm，孔径为 2.3cm，与育苗杯外径一致（图 4-59）。种植槽上端安装进水管，下端安排液装置，进水管处同时安装空气混入器，增加营养液的溶氧量。排液管与贮液池相通，种植槽内营养液的浓度通过垫板或液层控制装置来调节。一般在秧苗刚定植时，种植槽内营养液的深度保持 6cm 左右，定植杯的下半部浸入营养液内，以后随着植株生长，逐渐下降到 3cm。此种方法简单易行，设备造价低廉，适合我国目前的生产水平，宜大面积推广。

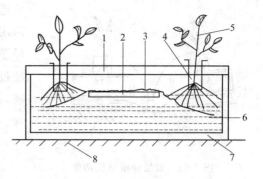

图 4-59 FCH 种植槽横断面示意图
1—定植板；2—浮板；3—无纺布；
4—定植杯；5—植株；6—营养液；
7—定型聚苯乙烯种植槽；8—地面

4. 雾培设施

雾培是用喷雾装置将营养液雾化，使植物的根系在封闭黑暗的根箱内，悬空于雾化的营养液环境中。雾培设施包括根箱和喷雾系统两部分，如图 4-60 所示。

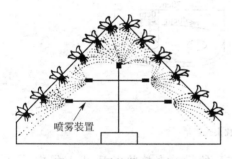

图 4-60 雾培装置示意图

（1）根箱 由两块已经打好定植孔的泡沫塑料板竖立成"∧"形状，与地面形成一个三角形的封闭系统，植株定植在泡沫塑料板上。

（2）喷雾系统 主要包括贮液池、压力泵、供液管道（喷雾管）和雾化喷头。喷雾管设在封闭系统内靠地面一边，在喷雾管上安装雾化喷头，将营养液雾化成细雾状喷到植物根系，使植物能更好地吸收。喷头由定时器调控，按一定间隔定时喷雾。

5. 岩棉培设施

岩棉培就是将作物种植于一定体积的岩棉块中，让作物在其中扎根锚定、吸水、吸肥、吸气。基本栽培模式是将岩棉切成定型的长方形块，用塑料薄膜包成一枕头袋状，称为岩棉种植垫。种植时，将岩棉块种植垫的面上薄膜开一个小穴，栽植带育苗块的秧苗，并滴入营养液。由于营养液利用方式不同，岩棉培可分为开放式和循环式岩棉培两种。

岩棉培的设施包括栽培床、供液装置和排液装置，如图 4-61 所示。若采取循环供液，排液装置可省去。栽培床是用厚 7.5cm、宽 20~30cm、长 100cm 的岩棉垫连接而成，上面定植带岩棉块的幼苗，外面用一层厚0.05mm的黑色或黑白双面聚乙烯塑料薄膜包裹。每条栽培床的长度，以不超过15m为宜。一般采用滴灌装置供应营养液，利用水泵将供液池中的营养液，通过主管、支管和毛管滴入岩棉床中。

6. 袋培设施

袋培用尼龙袋、塑料袋等装上基质，按一定距离在袋上打孔，作物栽培在孔内，以滴灌的形式供应营养液。袋内基质可用蛭石、珍珠岩、锯末、聚丙烯泡沫及其混合物

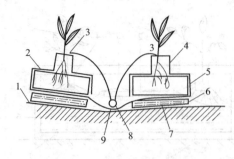

图4-61 岩棉种植垫横切面
1—畦面塑料膜；2—岩棉种植垫；3—滴灌管；4—岩棉育苗块；5—黑白塑料膜；
6—泡沫塑料块；7—加温管；
8—滴灌支管；9—塑料膜沟

均可。栽培袋有两种规格，一种是筒式栽培袋[图4-62(a)]，将直径30～35cm的筒膜剪成35cm长，用塑料薄膜封口机或电熨斗将筒膜一端封严即可；另一种是将筒膜剪成70～100cm长，用塑料薄膜封口机或电熨斗封严筒膜的一端，装入基质后再封严另一端即成枕头式栽培袋[图4-62(b)]。

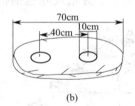

图4-62 袋培示意
(a) 筒式栽培；(b) 枕头式栽培

开口筒式袋培是按照每袋装基质10～15L的量，直接将基质装入袋中，直立放置，即成为一个筒式袋。枕头式袋培是结合栽培袋制作装填基质，每袋装20～30L，再封严另一端，依次摆放到温室中。长栽培袋则先将长条形塑料平铺于温室的地面上，沿中心线装填20～30cm宽、15～20cm高的梯形基质堆，再将长向的两端兜起，每隔1m用耐老化的玻璃丝绳扎住即可。一般用于大型连栋温室。

袋培的滴灌系统安装前，先将温室的整个地面铺上乳白色或白色朝外的黑白双色塑料薄膜，以便将栽培袋与土壤隔开，同时有助于冬季生产增加室内的光照强度。然后将栽培袋按照一定的行距摆放整齐。枕头式栽培袋摆放后，在袋上开两个直径为10cm的定植孔，两孔中心距离为40cm[图4-62(b)]。植株定植后再安装滴灌系统。每株至少设置1个滴头（图4-63）。无论是开口筒式袋培还是枕头式袋

培，袋的底部或两侧都应该开 2~3 个直径 0.5~1.0cm 的小孔，以便多余的营养液能从孔中渗透出来，防止沤根。长塑料袋栽培则是在基质装填后铺设滴灌管或滴灌带，然后再将塑料两端向上卷合。

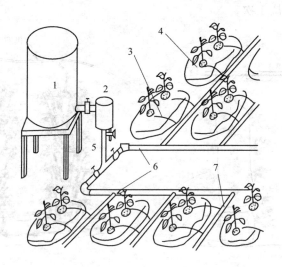

图 4-63 袋培滴灌系统示意

1—营养液罐；2—过滤器；3—水阻管；4—滴头；
5—主管；6—支管；7—毛管

7. 立体栽培设施

常见立体栽培有柱状栽培、长袋状栽培和立柱式盆钵无土栽培 3 种方式，主要用于种植叶菜类、草莓等园艺作物。

（1）柱状栽培　栽培柱采用硬质塑料管或石棉水泥管制成，在管的四周按螺旋位置开孔，植株种植在孔中的基质中。也可采用专用的无土栽培柱，栽培柱由若干个短的模型管构成，在每个模型管中有几个突出的杯状物，用于种植园艺植物，如图 4-64 所示。

（2）长袋状栽培　长袋状栽培用聚乙烯塑料薄膜袋作栽培柱。栽培袋直径为15cm，厚度为 0.15mm，长度为 1~2cm，内装栽培基质，底端结紧以防基质漏出，从上端装入基质后扎紧，然后悬挂在温室中，袋周围开一些 2.5~5.0cm 的孔，用以种植作物。上端配置供液管，下端设置排液管。如图 4-65 所示。无论是柱状栽培还是长袋状栽培，栽培柱或栽培袋均是

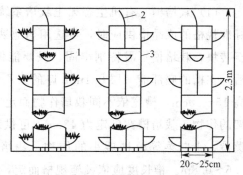

图 4-64 柱状栽培示意

1—水泥管；2—滴灌管线；3—种植孔

挂在温室的上部结构上,在行内彼此间的距离约为80cm,行间距离为1.2m。水和养分供应,是用安装在每个柱或袋顶部的滴灌系统进行的,营养液从顶部灌入,通过整个栽培袋向下渗透。营养液不循环利用,从顶端渗透到底部,即从排水孔排出。每月用清水洗盐1次。

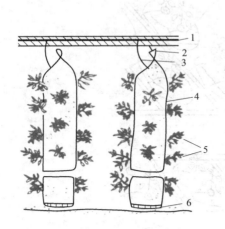 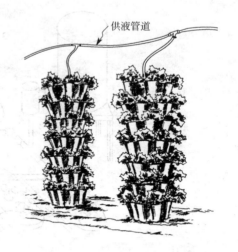

图4-65　长袋状栽培示意　　　　　图4-66　立柱式盆钵无土栽培

1—养分管道;2—挂钩;3—滴灌管;
4—塑料袋;5—作物;6—排水孔

(3) 立柱式盆钵无土栽培　将定型的塑料盆填装基质后上下叠放,栽培孔交错排列,保证作物均匀受光,作物定植在盆钵的培养液中,供液管道由顶部自上而下供液。如图4-66所示。

8. 有机生态无土栽培设施

有机生态型基质栽培是指用基质代替土壤,用有机固态肥取代传统的营养液,并用清水直接浇灌植物的栽培方式。栽培设施主要包括栽培槽和供水系统两部分。

(1) 栽培槽　有机生态无土栽培系统采用基质槽栽培的形式(图4-67)。在无标准规格的成品槽供应时,可选用当地易得的材料建槽,如用木板、木条、竹竿甚至砖块,栽培槽不需特别牢固,只要能保持基质不散落到走道上就行。槽框建好后,在槽的底部铺一层0.1mm厚的聚乙烯塑料薄膜,以防止土传病虫害。槽边框高15～20cm,槽宽依不同栽培作物而定。如黄瓜、甜瓜、番茄等植株高大需有支架的作物,栽培槽宽度定为48cm,可供栽培2行作物,栽培槽距0.8～1.0m;如莴苣、小白菜等植株矮小的作物,栽培槽宽度可定为72cm或96cm,栽培槽距0.6～0.8m。槽长度应依设施规格而定,一般为5～30m。

(2) 供水系统　在有自来水基础设施或水位差1m以上储水池的条件下,按单个棚室建成独立的供水系统。除管道用金属管外,其他器材均可用塑料制品以节省

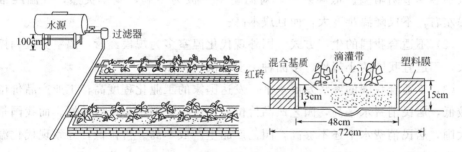

图 4-67　有机生态无土栽培槽

资金。栽培槽宽 48cm，可铺设滴灌带 1～2 根，栽培槽宽 72～96cm，可铺设滴灌带 2～4 根。

五、现代化温室在我国的使用状况

1. 我国引进现代化温室的历史

1979～1987 年，一些省（区、市）从荷兰、美国、保加利亚、日本、意大利、罗马尼亚引进了 20 多种现代化温室，面积 20 余公顷。20 世纪 80 年代末，我国的一些设施园艺专家曾对这一时期引进的现代化温室的应用情况进行了实地考察，指出引进的现代化温室投资大，运营费用高，产值低，收不抵支；并提出应做好已引进温室的消化吸收工作，不应再搞重复引进，更不要再进行成套设施的引进。但是由于种种原因，这些意见未能引起一定的重视。进入 90 年代后，现代化温室的引进急剧升温。

2. 现代化温室的使用效果

从已引进的现代化温室的使用效果看，"大"、"高"、"差"的问题普遍存在。首先是投资大。现代化玻璃温室的成套引进费用为 600～750 万元/hm²；现代化塑料温室的成套引进费用为 375～523 万元/hm²，分别是国产塑料大棚的 30～50 倍和 15～25 倍。其次是运营费高。现代化温室的运营费用通常每年为 45～60 万元/hm²，其中燃料费约占 60%。另外，现代化温室夏季强制降温的水电消耗量也很大，每年的水电费开支在 15 万元/hm² 左右。第三是效益差。现代化温室生产，煤、水、电耗量大，运营费用高，相比于消费，则大多处于亏损运营境地。

3. 现代化温室在我国推广的限制因素

（1）不适合我国的气候条件　现代化玻璃温室发展最早、面积最大的荷兰，温室集中于西部沿海一带，冬暖夏凉、四季温和，冬季最低气温在 -6～-2℃，最高温度不超过 30℃，且天然气很便宜，室温调控耗能少，成本低。我国北方冬季寒冷，最低气温经常在 -20～-10℃，甚至更低，生产能耗多，成本高；长江中下游地区冬春季节阴雨多、低温寡照，对温室生产极为不利，夏季炎热，气温经常在35℃左右，不仅降温难度大，而且成本高。

（2）不适合我国的生产方式　国外现代化温室多为规模经营，温室分区调控单元大，不适宜我国的小规模、多品种、多茬次生产。

（3）不适合我国的经济发展水平　发达国家的工业化程度高，工业产品价位相对较低，居民消费水平高，园艺产品价位高，现代化温室生产效益好。而我国是农业大国，居民消费水平还不够高，园艺产品生产成本高、价位低，导致现代化温室的高投入低产出，收不抵支。

4. 现代化温室在我国的发展前景

现代化温室作为设施园艺的最高类型，是我国设施园艺的发展方向，但根据现阶段我国的国情，还不能在广大农村大面积推广使用。目前现代化温室的建设在我国尚处于逐步发展阶段，主要应用于都市观光农业园区的建设和育苗工厂的建设。当前，我国各大中型城市大量发展都市观光农业，以国产的或成套引进的现代化设施为载体，对温室内进行整体规划设计，种植各种奇花异草、稀特蔬菜来吸引游客的眼球，或建设生态餐厅，满足人们回归自然和休闲观光的需求。此类温室主要以门票收入、观光采摘收入或餐厅收入来保证温室的日常运营管理费用。除此之外，随着穴盘育苗的蓬勃发展，国家现在越来越重视现代化育苗工厂的建设。育苗工厂多以现代化连栋温室为育苗场所，部分或全部安装现代化生产系统，周年培育各类蔬菜、花卉的穴盘苗，供应周边农户种植使用。由于穴盘苗具有质量好、无病虫害、缓苗快、价格合理等特点，越来越受到人们的认可，目前山东省的菜农大多数已放弃自己育苗，而通过购买穴盘苗来降低生产风险。因此，未来几年内，作为育苗工厂的现代化温室会逐步发展起来。

技能训练1　日光温室结构与性能调查

目的要求　通过实地调查，了解当地日光温室的主要类型，掌握其规格尺寸和结构参数，了解日光温室的建造材料、用量及造价，为独立设计日光温室奠定基础。

材料用具　皮尺、钢卷尺、游标卡尺、测量绳、量角器（坡度仪）、直尺、计算器、绘图用纸等；不同类型的日光温室。

训练内容

（1）布置任务　实地考察各种类型的日光温室。测量当地有代表性的1~2种类型的规格尺寸和结构参数，根据前屋面采光角，确定其先进程度。调查日光温室建材的规格、用量及造价。

(2) 方法步骤

① 考察不同类型的日光温室,了解其性能及应用情况。

② 确定生产中应用较好的 1~2 种类型,测量其规格尺寸和结构参数(包括长度、跨度、矢高和后墙高度、前屋面采光角、后屋面仰角、后屋面水平投影宽度、墙体厚度及立柱间距和拱架间距、作业间的规格等),根据所得数据绘制日光温室的平面图、侧剖面图,并注明其结构参数。

③ 调查日光温室骨架材料和墙体及后屋面建材的规格、用量及造价,列出材料用量表。

④ 园区整体规划　测量整个设施园区的面积,各类设施的方位,各类设施的前后左右间距及道路的设置和规划,根据测量结果绘制所调查的设施园区的区划平面图。

课后作业　比较所调查的不同类型日光温室的优缺点。

考核标准

(1) 调查认真,记录完整;(20 分)

(2) 温室平面图、侧剖面图绘制规范,数据准确;(30 分)

(3) 材料规格、用量、造价等调查结果准确;(20 分)

(4) 设施园区的区划平面图绘制规范,数据准确;(20 分)

(5) 认真完成作业,且论述充分。(10 分)

技能训练 2　日光温室设计与规划

目的要求　运用所学理论知识,结合当地气象条件和生产要求,学习对一定规模的设施园艺生产基地进行总体规划和布局;学会日光温室设计的方法和步骤,能够画出总体规划布局平面图,单栋日光温室的断面图等(均为示意图),使工程建筑施工单位能通过示意图和文字说明,了解生产单位的意图和要求。

材料用具　比例尺、直尺、量角器、铅笔、橡皮、专用绘图用具和纸张等。

训练内容

(1) 设计任务要求

① 基地位于北纬 40°,年平均最低温 －14℃,极端最低 －22.9℃,极端最高 40.6℃。太阳高度角冬至日为 26.5°(上午 10 时为 20.61°),春分为 49.9°(上午 10 时为 42°);冬至日(晴天)日照时数为 9h,春分日(晴天)12h;冬季主风向为西北风,春季多西南风,全年无霜期 180d。

② 园区总面积约 10hm^2,东西长 500m、南北宽 200m,为一矩形地块,北高南低,坡度＜10°。

③ 设计冬春季使用的果菜类及叶菜类蔬菜生产温室,及生产育苗兼用温室若

干栋，每栋温室占地1亩左右，用材自选。温室数量，根据生产需要自行确定。

④ 温室结构要求保温、透光好，生产面积利用率高，节约能源，坚固耐用，成本低，操作方便。

(2) 方法步骤

① 根据园区面积、自然条件，先进行总体规划，除考虑温室布局外，还要考虑道路、附属用房及相关设施、温室间距等，合理安排，不要顾此失彼。绘制园区总体规划平面示意图，用文字说明主要内容，使建筑施工方能看得清楚，读得明白。

② 根据修建温室的场地、生产要求、经济和自然条件，利用所学的采光设计和保温设计方法选择适宜的类型，并确定温室结构参数和规格尺寸。绘制日光温室的平面图和侧剖面图，并注明相关参数。

③ 列出日光温室建材用量表，包括建材种类、规格、数量。

④ 点评设计成果，选5~10名学生展示自己的设计图纸和用料表，由教师和其他同学进行提问和点评。

课后作业 根据课堂点评结果，修改设计图纸和材料表。

考核标准

(1) 园区整体规划合理，数据准确；(20分)

(2) 日光温室各项结构设计参数合理；(20分)

(3) 材料准备细致，用量和估价准确；(20分)

(4) 讲解流畅，答辩得当；(10分)

(5) 完成设计图纸和用料表的修改。(30分)

技能训练3　日光温室棚膜与草苫覆盖

目的要求　正确计算出日光温室薄膜和草苫的用量，能根据温室的规格尺寸正确地剪裁和焊接棚膜，能熟练完成温室棚膜覆盖和草苫的安装。

材料用具　日光温室1栋；塑料薄膜、剪刀、尼龙绳、棚膜专用粘合剂、压膜线等；草苫、细铁丝、钳子、卷帘绳、作卷轴用的铁管或木杆等。

训练内容

(1) 布置任务　现有1栋用于冬春季生产喜温性蔬菜的日光温室，请根据当地气候条件确定其覆盖棚膜和草苫的日期，并完成棚膜与草苫的覆盖与安装任务。

(2) 方法步骤

① 根据当地气候条件和温室生产要求，确定覆盖棚膜和草苫的日期。

② 测量温室规格尺寸,计算所需棚膜和草苫规格及用量。如采用 PVC 薄膜,则棚膜的总长度与温室总长度相等即可,如采用 PE 或 EVA 薄膜,则棚膜长度应为温室长度再加 2m。棚膜的总宽度应为温室拱架长度加 1m(包括风口处重叠部分和前底脚埋入土中部分)。草苫长度应为温室拱架长度与后坡长度之和再加 1m(用于包裹卷帘轴)。

③ 根据温室前屋面通风口设计要求,确定棚膜的剪裁尺寸和连接方式。如图 4-68 所示,如设顶部风口,顶部棚膜宽度为 2.5m 左右,如设下部风口,则底裙宽度为 1.5m 左右。棚膜剪裁连接好后,通常先上小幅棚膜。棚膜一端先在温室山墙一侧固定,然后上下同时拉向温室的另一侧,拉紧,同时棚膜上端固定在拱架或温室顶部。同样方法覆盖大幅棚膜,注意上顶部的棚膜要压在下部棚膜上面。如覆膜时起风,可边覆膜边系压膜线(不要系紧),防止棚膜被刮飞。

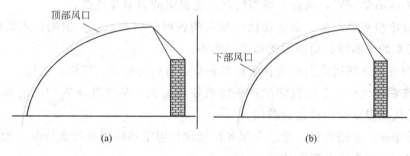

图 4-68 日光温室风口的设置
(a) 顶部通风;(b) 底部通风

④ 草苫的覆盖 如采用固定式卷帘机,覆盖草苫前应先在草苫下铺放卷帘绳。双层草苫的摆放方法如图 4-69 所示。草苫铺好后,用细铁丝将每块草苫连接固定。草苫底部卷入卷轴,用 8# 铁丝固定。最后将卷帘绳系到温室顶部的卷轴上。开动电机调试卷帘绳长度。

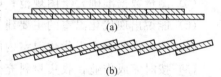

图 4-69 双层草苫的摆放方法
(a) "品"字形摆放;(b) "鱼鳞"式摆放

考核标准

(1) 正确确定棚膜、草苫覆盖时间;(10 分)
(2) 棚膜、草苫用量计算准确;(20 分)
(3) 正确剪裁、连接棚膜;(10 分)
(4) 覆膜质量高,棚膜无损伤;(30 分)
(5) 草苫安装整齐,连接牢固;(20 分)
(6) 会根据草苫卷放情况调整卷帘绳或草苫位置。(10 分)

技能训练4 现代化温室结构与性能调查

目的要求 通过实地调查，了解现代化温室的主要类型，了解其性能和结构特点，掌握现代化温室的主要生产系统及其作用。

材料用具 皮尺、钢卷尺、游标卡尺、测量绳、量角器（坡度仪）、直尺、计算器、绘图用纸等；现代化温室。

训练内容

（1）布置任务 说出所调查的现代化温室属于哪种类型，有何特点。通过分组实地测量，记录现代化温室的屋面形状、跨度、顶高、天沟高度、柱间距、门窗规格、总面积等结构参数，掌握温室内所配置的生产系统名称及其作用。

（2）方法步骤

① 根据所学知识，调查了解当前现代化温室的类型及特点。

② 分小组实地考察和测量现代化温室的各项结构参数，并根据调查数据绘制现代化温室的平面图、横切面图和纵切面图。

③ 调查了解现代化温室的骨架材料和覆盖材料的材质、规格及造价。

④ 参观现代化温室配置的生产系统及使用情况，掌握其在生产中的作用，调查了解现代化温室的生产运营费用。

课后作业 查阅资料，总结全国各地现代化温室的应用及收支情况，为我国现代化温室的应用提出合理化建议。

考核标准

（1）正确识别所调查现代化温室的类型，并能说出其特点；（10分）

（2）测量数据准确，绘图规范；（30分）

（3）能说出现代化温室的主要建筑材料名称及特点；（20分）

（4）能说出所调查现代化温室内配置的所有生产系统名称及作用；（20分）

（5）按时完成作业，收集材料充分，论述观点正确。（20分）

资料卡 温室园艺机器人

移栽机器人

我国台湾研制的移栽机器人，能把幼苗从600穴的育苗盘中移植到480穴的苗盘中，极大地减轻了工人的劳动强度。该机器人依靠系统的视觉传感器和力度传感器，能够做到夹持秧苗而不会对其造成损伤。在秧苗紧挨作业时，每个苗的移栽时间约为3s，工作效率是熟练工人的2~4倍，而且不会因为工作单一枯燥和长时间劳动而降低工作质量。

嫁接机器人

日本研制的嫁接机器人，利用图像探头采集视频信息并利用计算机图像处理技术，实现嫁接苗的识别、判断、纠错等。然后，机器人完成砧木、接穗的取苗、切苗、接合、固定、排苗等嫁接全过程的自动化作业。全自动的机器人可以同时将砧木和接穗的苗盘通过传送带送入机器中，机器人可自动完成整个苗盘的整排嫁接作业，工作效率极高。半自动的机器人通过人工辅助，在嫁接过程中，工人把砧木和接穗放在相应的供苗台上，系统就可以自动完成其余的劳动作业。

农药喷洒机器人

农药喷洒机器人技术是根据设施生产中杀菌和病虫害防治的要求，结合现有的高精尖科技成果，应用光机电一体化技术、自动化控制等技术在施药过程中按照实际的需要喷洒农药，做到"定量、定点"，实现喷药作业的人工智能化，做到对靶喷药，计算机智能决策，保证喷洒的药液用量最少和最大程度附着在作物叶面，减少地面残留和空气中悬浮漂移的雾滴颗粒。日本为了改善喷药工人的劳动条件开发了针对果园的喷药机器人，机器人利用感应电缆导航，实现无人驾驶，利用速度传感器和方向传感器判断转弯或直行，实现转弯时不喷药。美国开发的一款温室黄瓜喷药机器人利用双管状轨道行走，通过计算机图像处理判断作物位置实现对靶喷药。

采摘机器人

目前国内外研究和投入应用的采摘机器人作业对象基本集中在黄瓜、番茄、西瓜、甜瓜等蔬菜瓜果，以及温室内种植的蘑菇等劳动密集的作物。以色列研制了用于水果采摘的准确率可达85%的可自行定位和收获的机器人。英国研制了蘑菇采摘机器人，它可自动测量蘑菇的位置、大小，并且根据设定值选择成熟的蘑菇进行采摘，采蘑菇速度为每秒6~7个。日本研制的黄瓜采摘机器人，采摘速度约为每分钟4个。韩国研制的苹果采摘机器人具有最高达3m的机械手，识别率达到85%，采摘速度为每秒7个。

本 章 小 结

日光温室的采光设计就是确定日光温室的方位、前屋面采光角、高度、跨度等参数，使前屋面在白天最大限度地透入太阳光。保温设计则是在采光设计的基础上，尽可能地减少温室的热支出，提高温室的蓄热能力。而温室群规划的核心则是保证前排温室不对后排温室造成明显的遮光。日光温室的建造步骤包括测定方位、放线、筑墙、安装拱架、铺后坡、覆盖棚膜和草苫等。

园艺设施

> 现代化温室是园艺设施的最高级类型,内部环境由一系列生产系统进行自动控制,不受自然气候的影响。但由于其投资大、运营费用高,短期内在国内难以全面推广。但作为都市观光农业和园艺育苗工厂的载体,具有广阔的发展前景。

复习思考题

1. 如何确定日光温室的方位?
2. 解释什么是太阳高度角、入射角、采光角、后屋面仰角。
3. 阳光的入射角与透光率有何关系?
4. 试比较温室理想屋面角、合理屋面角和合理采光时段屋面角的差异。
5. 如何确定温室的后屋面仰角、跨度、高度和长度?
6. 名词解释:温室效应,密闭效应,贯流放热。
7. 温室主要有哪几条放热途径?
8. 比较温室白天和夜间的热收支状况。
9. 如何对温室进行保温设计?
10. 如何确定前后温室间距?
11. 怎样确定真子午线?
12. 简述竹木结构日光温室的建造步骤。
13. 简述钢架结构日光温室的建造步骤。
14. 日光温室有哪些辅助设施,各有何作用?
15. 我国目前较为实用的日光温室有哪些类型?各有何特点?
16. 现代化温室有哪些代表类型,各有何特点?
17. 现代化温室的生产系统由哪些设备组成?
18. 为什么说短期内现代化温室在我国不能取代日光温室?

园/艺/设/施

第五章
园艺设施的环境特点及调控措施

目的要求 了解园艺设施环境因子的组成及其变化规律;掌握设施内小气候环境调节控制的主要措施。

知识要点 设施内光照环境的特点及调控;设施内温度环境的特点及调控;设施内湿度环境的特点及调控;设施内土壤环境的特点及调控;设施内气体环境的特点及调控。

技能要点 园艺设施内小气候环境的观测;温室大棚的通风方法;设施内增光补光方法;设施土壤消毒方法。

园艺设施是在人工控制下的半封闭状态的小环境,其环境条件主要包括光照、温度、水分、土壤、气体、肥料等。园艺植物生长发育的好坏,产品产量和质量的高低,关键在于环境条件对作物生长发育的适宜程度。日光温室在建造前要考虑结构的优化设计以创造良好的环境条件,建成以后主要日常管理就是对环境条件进行调节控制,才能保证为园艺植物生长发育创造最佳环境条件,以达到早熟、丰产、优质、高效的目的。但温室内的环境条件调控十分复杂,一方面各环境条件之间相互影响、制约,不能忽视其中任何一方面;另一方面,又要考虑作物种类、生育阶段、栽培方式等方面的因素。因此,只有对环境条件进行综合调控,才能获得理想效果。

第一节 园艺设施的光照环境及其调节控制

光照条件对日光温室的园艺植物生产起主导作用。一方面光照是日光温室的唯一热源,光照条件好,透入温室内的阳光多,温度就高,对作物的光合作用也越有利。另一方面,光照是蔬菜作物光合作用的能源,光照条件的好坏直接影响作物光合作用的强弱,从而明显影响产量的高低。

一、园艺植物对光环境的要求

1. 园艺植物对光照强度的要求

园艺植物包括蔬菜、花卉(含观叶植物、观赏树木等)和果树三大种类,对光照强度的要求大致可分为阳性植物(又称喜光植物)、阴性植物和中性植物。

(1) 阳性植物　这类植物必须在完全的光照下生长，不能忍受长期荫蔽环境，一般原产于热带或高原阳面。如多数一二年生花卉、宿根花卉、球根花卉、木本花卉及仙人掌类植物等。蔬菜中的西瓜、甜瓜、番茄、茄子等都要求较强的光照，才能很好地生长，光饱和点大多在 50~70klx 以上。光照不足会严重影响产量和品质，特别是西瓜、甜瓜，含糖量会大大降低。果树设施栽培较多的葡萄、桃、樱桃等也都是喜光作物。

(2) 阴性植物　这类植物不耐较强的光照，遮荫下方能生长良好，不能忍受强烈的直射光线。它们多产于热带雨林或阴坡。如花卉中的兰科植物、观叶类植物、凤梨科、姜科、天南星科及秋海棠科植物。蔬菜中多数绿叶菜和葱蒜类比较耐弱光，光饱和点 25~40klx。

(3) 中性植物　这类植物对光照强度要求介于上述两者之间。一般喜欢阳光充足，但在微阴下生长也较好，如花卉中的萱草、耧斗菜、麦冬草、玉竹等，果树中的李、草莓等。中光型的蔬菜有黄瓜、甜椒、甘蓝类、白菜、萝卜等，光饱和点 40~50klx。

光照强度主要影响园艺植物的光合作用强度，在一定范围内（光饱和点以下），光照越强、光合速率越高，产量也越高。光照强弱除对植物生长有影响外，对花色亦有影响，这对花卉设施栽培尤为重要。如紫红色的花是由于花青素的存在而形成的，而花青素必须在强光下才能产生，散射光下不易产生。因此，开花的观赏植物一般要求较强的光照。

2. 园艺植物对光照时数的要求

光照时数对园艺植物花芽分化，即生殖生长（发育）影响较大，也就是通常所说的光周期现象。光周期是指 1 天中受光时间长短，受季节、天气、地理纬度等的影响。根据不同园艺植物对光周期的反应可分为 3 类：长日性植物（如蔬菜中的大白菜、甘蓝等，花卉中的唐菖蒲）、短日性植物（如蔬菜中的扁豆、花卉中的一品红等）和日中性植物（多数蔬菜和花卉）。

设施栽培光照时数不足往往成为限制因子，因为在高寒地区尽管光照强度能满足要求，但 1 天内光照时间太短，不能满足要求，一些果菜类或观赏的花卉若不进行补光就难以栽培成功。

3. 光质及光分布对园艺植物的影响

一年四季中，光的组成由于气候的改变而有明显的变化。如紫外光的成分以夏季的阳光中最多，秋季次之，春季较少，冬季则最少。夏季阳光中紫外光的成分是冬季的 20 倍，而蓝紫光比冬季仅多 4 倍。因此，这种光质的变化可以影响到同一种植物不同生产季节的产量及品质。

光质还会影响蔬菜的品质，紫外光与维生素 C 的合成有关，玻璃温室栽培的番茄、黄瓜等，其果实维生素C的含量往往没有露地栽培的高，就是因为玻璃阻隔紫外光的透过率，塑料薄膜温室的紫外光透过率就比较高。光质对设施栽培的园艺植物的果实着色和风味品质有影响，如大棚温室生产出的茄子为淡紫色，而生产出的葡萄、桃、油桃等都比露地栽培的风味差，这与光质有密切关系。

由于园艺设施内光分布不如露地均匀，使得作物生长发育不能整齐一致。同一种类品种、同一生育阶段的园艺植物长得不整齐，既影响产量，成熟期也不一致。弱光区的产品品质差，且商品合格率降低，种种不利影响最终导致经济效益降低，因此设施栽培必须通过各种措施，尽量减轻光分布不均匀的负面效应。

二、园艺设施内光照环境的特点

温室内的光照条件包括光照强度、光照时数和光质三个方面，这三个方面既相互联系又相互制约。

1. 光照强度

（1）光照强度低　园艺设施内的光照强度只有自然光强的70%～80%，如采光设计不科学，透入的光量会更少，而薄膜用过一段时间后透光率降低，室内的光照强度将进一步减弱。

（2）光照强度的时间变化　设施内光照强度变化与自然光照是同步进行的。自然光随季节、地理纬度和天气条件而变化，设施内的光照强度的变化随自然光强的变化而变化，季节变化和日变化都与自然光照强度的变化具有同步性。晴天设施内光照强度的日变化与自然界变化规律是基本一致的。午前随太阳高度角的增加而增强；中午光照度最高；午后随太阳高度角的减少而降低，其曲线是对称的。但温室内的光照度变化较室外平缓。如图5-1所示。

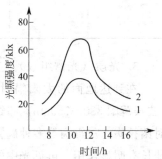

图5-1　日光温室光照强度的日变化示意图

1—温室内光照强度；
2—外界光照强度

（3）光照强度的空间变化

① 垂直方向　越靠近薄膜光照强度越强，向下递减，递减速度比室外大，靠薄膜处相对光强为80%，距地面0.5～1.0m为60%，距地面20cm处只有55%。

② 水平方向

a. 塑料大棚　南北延长的大棚，上午东侧光照度高，西侧低，下午相反，从全天来看，两侧差异不大。东西延长的大棚，平均光照度比南北延长的棚高，升温快，但南部光照度明显高于北部，南北最大可相差20%，光照水平分布不均匀。

b. 日光温室　南北方向上，从后屋面水平投影以南是光照强度最高部位，在0.5m以下的空间里，各点的相对光强都在60%左右，在南北方向上差异很小。后屋面下的光强,由南向北递减,后坡越长递减越明显,每向北 1m,光强递减 10klx。在东西方向上,由于山墙的遮荫作用,上午揭苫后东山墙内侧出现三角形阴影,由大到小,正午时阳光直射前屋面,阴影消失。午后西山墙出现阴影,并不断扩大,直至盖苫。东西山墙内侧大约各有 2m 温光条件较差。温室越长影响越小。

2. 光照时数

园艺设施内的光照时数主要受纬度、季节、天气情况及防寒保温等管理技术的影响。大棚为全透明设施,无草苫等外保温设备,见光时间与露地相同,没有调节光照时间长短的功能。而日光温室由于冬春季覆盖草苫保温防寒,人为地缩短了日照时数。辽南地区日光温室的揭盖草苫时间如表 5-1 所列。

表 5-1 辽南地区日光温室的揭盖草苫时间

月 份	揭草苫时间	光照时间/(h/d)
12	8:00~8:30	6.5
1	8:30	6~7
2	7:30~8:00	9
3	7:00	10
4	6:30	13.5
5	撤掉草苫	

3. 光质（光谱组成）

在到达地面的太阳辐射中,又可分为紫外线区（波长小于 380nm）、可见光区（波长范围 380~760nm）和红外区（波长大于 760nm）。紫外线具有很强的杀菌能力,对菌核病、灰霉病等多种病害的病原菌有很强的杀伤能力;对果实的着色和抑制植物徒长有明显作用。可见光中的红橙光和蓝紫光促进光合能力最强,绿光则较弱。

表 5-2 几种覆盖材料透光率的比较　　　　　　　　单位:%

项 目	波 长 /nm	聚氯乙烯膜 0.1mm 厚	醋酸乙烯膜 0.1mm 厚	聚乙烯膜 0.1mm 厚	玻璃 3mm 厚
紫外区	280	0	76	55	0
	300	20	80	60	0
	320	25	81	63	46
	350	78	84	66	80
可见光	450	86	82	71	84
	550	87	85	77	88
	650	88	86	80	91
红外区	1000	93	90	88	91
	1500	94	91	91	90
	2000	93	91	90	90
	5000	72	85	85	20
	9000	40	70	84	0

红外线具有热效应,被作物吸收后转变为热能,主要作用是维持作物的体温。露地栽培太阳光直接照在作物上,光的成分一致,不存在光质差异。而设施栽培中由于透明覆盖材料的光学特性,使进入设施内的光质发生变化。由表 5-2 可以看出,玻璃对于 300nm 的紫外线完全不能透过,聚乙烯薄膜大部分能够透过,聚氯乙烯薄膜的透过率则介于玻璃与聚乙烯膜之间;对于可见光,这 3 种覆盖材料的初始透光率都很好,不过,玻璃最好,聚乙烯膜透过率最低;至于红外线,4500nm 的太阳短波辐射,4 种覆盖材料都能大量透过;而 5000nm 和 9000nm 的长波辐射,玻璃的透过率最低,远小于 3 种薄膜。

三、园艺设施光照条件的调控措施

园艺设施内对光照条件的要求,一是光照充足,二是光照分布均匀。从我国目前的国情出发,主要还依靠增强或减弱设施内的自然光照,必要时适当进行补光,而发达国家人工补光已成为重要手段。

1. 光照强度的调节与控制

(1) 增光补光措施

① 提高设施的结构性能

a. 合理规划布局　选择四周无遮荫的场地建造温室大棚,并计算好棚室前后左右间距,避免相互遮光。

b. 进行合理的采光设计　确定合理的方位、前屋面采光角、后屋面仰角等与采光有关的设计参数。温室大棚设计合理的透明屋面形状。连栋温室要保证尽量多进光,同时还要防风、防雨(雪),使排水顺畅。

c. 减少建材遮光　太阳光投射到骨架等不透明物体上,会在其相反方向上形成阴影。阳光不停地移动,阴影也随着移动和变化。如拱杆、立柱、横梁等,竹木结构日光温室遮荫面积约占 15%～20%。无柱钢架日光温室建材强度高,截面小,是最理想的骨架材料,但投资大。竹木结构温室可利用加强桁架,取消前屋面立柱来减少遮荫面积。

d. 选用透光率高的薄膜　阳光照射到前屋面上,被薄膜吸收掉一部分、反射掉一部分,特别是在薄膜变松、起皱时,反光量增大,透过率降低。另外,薄膜在使用过程中,还会因静电、渗出物等原因吸附灰尘,附在外表面,对光线起到阻挡、吸收和反射的作用,平均光损失达 4% 以上。使用过程中长时间受阳光(特别是紫外线)照射逐渐老化,透光率随之下降。另外,如果薄膜内表面布满水珠,透光率更会严重下降。因此,生产中应选用聚乙烯、聚氯乙烯长寿无滴膜,或乙烯-醋酸乙烯多功能复合膜。覆膜时展平拉紧,压膜线压牢,防止出现褶皱。保持薄膜清洁,每年更换新膜。另外,薄膜的颜色能够改变光谱组成,蓝色膜透过蓝光较多，对光合作用有利。紫光膜在番茄、茄子生产上应用效果较好。

② 改进管理措施

a. 清洁棚膜　塑料薄膜容易吸附灰尘，使用一段时间后透光率大大降低。低温季节经常用干净的拖布擦拭灰尘，清洁棚膜，可有效提高透光率，改善温室的光照条件（图5-2）。

图 5-2　清洁棚膜

b. 早揭晚盖草苫　塑料大棚或日光温室春秋两季，不需盖草苫，温室内的见光时间和露地是一致的。冬季需盖草苫保温，早晨太阳升起后揭开，晚上太阳未落就要放下，人为地延长了黑夜，缩短了光照时间，有时遇灾害性天气，连续几天揭不开草苫。在室内温度不受影响的情况下，早揭晚盖草苫，延长光照时间。遇阴天只要室内温度不下降，就应揭开草苫，争取见散射光。

c. 改进栽培技术　如采用扩大行距、缩小株距的配置形式，改善行间的透光条件；及时整枝打杈，改插架为吊蔓，减少架材遮荫和叶片相互遮荫。

d. 利用反射光　后墙涂白或挂反光幕，增加温室光照。利用地膜的反光作用，改善植株下部光照。

e. 人工补光　可利用高压水银灯、日光灯、白炽灯、荧光灯、钠灯等进行补光。40W 日光灯三根合在一起，可使离灯 45cm 远处的光照达到 3000～3500lx；100W 高压水银灯可使离灯 80cm 远处的光照保持在 800～1000lx 范围内。为使补充的光能够模拟太阳光谱，应将发出光谱的白炽灯和发出间断光谱的日光灯搭配使用。按每 $3.3m^2$ 120W 左右的用量确定灯泡的数量。灯泡应离开作物及棚膜各 50cm 左右远，避免烤伤作物、烤化薄膜。人工补光成本较高，国内生产上很少采用，主要用于育种、引种、育苗等。

(2) 遮光措施　遮光主要有两个目的，一是减弱设施内的光照强度；二是降低设施内的温度。据测定，设施内遮光 20%～40% 能使室内温度下降 2～4℃。初夏中午前后，光照过强，温度过高，超过作物光饱和点，影响作物正常生长发育时需要进行遮光；分苗或定植缓苗期也需要进行遮光。遮光方法有以下几种：

① 棚膜上覆盖遮阳网、无纺布、竹帘、苇席等不透明覆盖物遮光。

② 薄膜、玻璃面上涂白灰、甩泥浆。

③ 屋面流水，可遮光 25%。

遮光对夏季炎热地区蔬菜栽培及花卉栽培尤其重要。

2. 光质的调节与控制

（1）采用有色膜　目的在于人为地创造某种光质，使自然光中某些光质被滤掉，而需要的光质通过，以满足某种植物或某个发育时期对特殊光质的需求，获得高产、优质。但有色覆盖材料透光率偏低，只有在光照充足的前提下改变光质才能收到较好的效果。

（2）人工补光　根据设施内某种植物或某个发育时期对特殊光质的需要，而人工加以补充。如为了控制开花与果实的颜色，可以适当补充远红光；控制植株高矮（株型）、叶片变厚、提高花色鲜艳程度、果实含糖量、果实颜色等，可适当补充紫外光。可通过在设施内悬挂紫外光灯，定期进行适量补充。

3. 光照时数的调节与控制

光照时数的调节与控制即是调节植物光周期，主要通过补光来增加光照时数和通过遮光来缩短光照时数。多用于调节植物的开花期。

第二节　园艺设施的温度环境及其调节控制

一、园艺植物对温度环境的要求

1. 温度三基点

不同作物都有各自温度要求的"三基点"，即最低温度、最适温度和最高温度。园艺植物对三基点的要求一般与其原产地关系密切，原产于温带的，生长基点温度较低，一般在10℃左右开始生长；起源于亚热带的在15～16℃时开始生长；起源于热带的要求温度更高。因此，根据对温度的要求不同，园艺植物可分为耐寒性（如韭菜、菠菜、三色堇、蜀葵、葡萄、桃、李等）、半耐寒性（如紫罗兰、金盏菊、萝卜、芹菜、白菜类、甘蓝类、莴苣、豌豆和蚕豆等）和不耐寒性（冬瓜、丝瓜、甜瓜、豇豆和刀豆等）3类。

设施栽培应根据不同园艺植物对温度三基点的要求，尽可能使温度环境处在其生育适温内，即适温持续时间越长，生长发育越好，有利优质、高产。露地栽培适温持续时间受季节和天气状况的影响，设施栽培则可以人为调控。

2. 花芽分化与温度

各种园艺植物花芽分化的最适温度不同，但总的来说，花芽分化的最适温度比茎叶生长的最适温度高。许多越冬性植物和多年生木本植物，冬季低温是必需的，满足必需的低温才能完成花芽分化和开花。这在果树设施栽培中很重要，在以提早成熟为目的时，如何打破休眠，是果树设施栽培的首要问题，这就需要掌握不同果树解除休眠的低温需求量。

二、园艺设施内的温度环境特点

1. 气温

（1）室内气温高于外温　园艺设施内的气温远远高于外界温度，但是与外界温度有一定相关性。光照充足的白天，外界温度较高时，室内气温升高快，温度也高；外界温度低时，室内温度也低。但室内外温度并不呈正相关，因为设施内的温度完全取决于光照强度，严寒的冬季只要晴天光照充足，即使外界温度很低，室内气温也能很快升高，并且保持较高的温度。遇到阴天，虽然室外温度并不低，室内温度上升量也很少，可见光照对于提高温室温度的重要性。采光科学，保温措施有力，日光温室内外温差可达 25℃ 以上，即外界在 －20℃ 时，室内最低气温仍可保持 5℃ 以上。见表5-3。

表5-3　日光温室不同天气的气温　　　　　　　　　　　　　单位：℃

日期 （月.日）	天气条件	最低气温		增温	最高气温		增温	平均气温		增温
		内	外		内	外		内	外	
12.25	晴	9.7	－5.8	15.5	29.0	0.9	28.1	16.1	－2.8	18.9
12.26	阴一天	8.0	－8.4	16.4	15.5	－2.3	17.8	10.9	－5.2	16.8
12.27	阴有小雪	9.2	－10.0	19.2	9.2	－0.8	13.0	8.6	－7.3	15.9
12.30	连阴3天	7.4	－4.2	11.6	14.5	－0.8	15.3	9.6	－2.9	12.5
翌年1.3	阴转晴积云	8.7	－19.6	28.3	28.3	－7.0	30.2	13.9	－11.7	25.6
1.15	有时多云	9.5	－9.0	18.5	25.0	2.9	22.1	14.8	－1.7	16.5

（2）气温的日变化　太阳辐射的日变化对设施的气温有着极大的影响，晴天时气温变化显著，阴天不明显。塑料大棚在日出之后气温上升，最高气温出现在 13 时，14 时以后气温开始下降，日落前下降最快，昼夜温差较大。温室内最低气温往往出现在揭开草苫前的短时间内，揭苫后随着太阳辐射增强，气温很快上升，一般情况下 11 时前上升最快，在密闭条件下每小时最多上升 6~10℃，12 时以后上升趋于缓慢，13 时气温达到最高。以后开始下降，15 时以后下降速度加快，直到覆盖草苫时为止，如图5-3所示。盖草苫后室内气温短时间内回升 1~3℃，以后气温平缓下降，直到第二天早晨。气温下降的速度与保温措施有关。

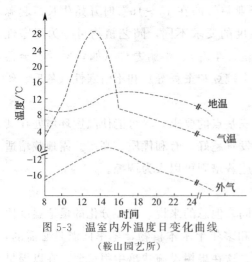

图5-3　温室内外温度日变化曲线
（鞍山园艺所）

刚盖完草苫气温回升，原因是日光温室的贯流放热是不断进行的，只是晴天白天太阳辐射能不断透入温室内,透入的太阳辐射能升温比贯流放热损失的热量大,室温不会下降。到了午后光照强度减弱,温度开始下降,降到一定程度要盖草苫保温,即阻止贯流放热。刚盖完草苫贯流放热量突然减少,而墙体、温室构件、土壤蓄热向空气中释放,所以短时间内出现气温回升。

(3) 气温在空间上的变化

① 垂直方向　白天气温在垂直方向上的分布是日射型,气温随高度的增加而上升;夜间气温在垂直方向上的分布是辐射型,气温随着高度的增加而降低;上午8时至10时和下午14时至16时是以上两种分布类型的过渡型。

② 水平方向　南北延长的大棚里,上午东部气温高于西部,午后则相反,温差为1~3℃。夜间,棚四周气温比中部低,一旦出现冻害,边沿一带最先发生。日光温室内气温在水平方向上的分布存在着明显的不均匀性。在南北方向上,中柱前1~2m处气温最高,向北、向南递减。在高温区水平梯度不大,在前沿和后屋面下变化梯度较大。晴天的白天南部高于北部,夜间北部高于南部。温室前部昼夜温差大,对作物生长有利。东西方向上气温差异较小,只是靠东西山墙2m左右温度较低,靠近出口一侧最低。

(4) 逆温现象　园艺设施内还会产生"逆温"现象,一般出现在阴天后、有微风、晴朗夜间。在有风的晴天夜间,温室大棚表面辐射散热很强,有时棚室内气温反而比外界气温还低,这种现象叫做"逆温"。其原因是白天被加热了的地表面和作物体,在夜间通过覆盖物向外辐射放热,而晴朗无云有微风的夜晚放热更剧烈。另外,在微风的作用下,室外空气可以从大气反辐射补充热量,而温室大棚由于覆盖物的阻挡,室内空气却得不到这部分补充热量,造成室温比外温还低。10月份至翌年3月易发生逆温,逆温一般出现在凌晨,日出后棚室迅速升温,逆温消除。有试验研究表明,逆温出现时,设施内的地温仍比外界高,所以作物不会立即发生冻害,但逆温时间长了,或温度过低就会出问题。

2. 地温

设施的地温不但是蔬菜作物生长发育的重要条件,也是温室夜间保持一定温度的热量来源。夜间日光温室内的热量,有近90%来自土壤的蓄热。

(1) 热岛效应　我国北方广大地区,进入冬季土壤温度下降很快,地表出现冻土层,纬度越高封冻越早,冻土层越深。日光温室采光、保温设计合理,室外冻土层深达1m,室内土壤温度也能保持12℃以上,设施内从地表到50cm深的地温都有明显的增温效应,但以10cm以上的浅层增温显著,这种增温效应称之为"热岛效应"。但温室内的土壤并未与外界隔绝,室内外土壤温差很大,土壤的热交换是不可避免的。由于土壤热交换,使大棚温室四周与室外交界处地温不断下降。

(2) 地温的变化

① 水平方向　日光温室地温的水平分布具有以下特点：5cm 土层温度在南北方向上变化比较明显，晴天的白天，中部温度最高，向南向北递减，后屋面下低于中部，但比前沿地带高。夜间后屋面下最高，向南递减。阴天和夜间地温的变化梯度较小。东西方向上差异不大，靠门的一侧变化较大，东西山墙内侧温度最低。塑料大棚内地温，无论白天还是夜间，中部都高于四周。

② 垂直方向　园艺设施内的地温，在垂直方向上的分布与外界明显不同。外界条件下，0～50cm 的地温随深度增加而增加，即越深温度越高，不论晴天或阴天都是一致的。设施内的情况则完全不同，晴天白天上层土壤温度高，下层土壤温度低，地表 0cm 温度最高，随深度的增加而递减；夜间以 10cm 深处最高，向上向下均递减，20cm 深处的地温白天与夜间相差不大；阴天，特别是连阴天，下层土壤温度比上层土壤温度高，越是靠地表温度越低，20cm 深处地温最高。这是因为阴天太阳辐射能少，气温下降，温室里的热量主要靠土壤贮存的热量来补充，因此，连阴天时间越长，地温消耗也越多，连续 7～10d 阴天，地温只能比气温高 1～2℃，对某些作物就要造成危害。

三、园艺设施内的温度调节控制

1. 增温保温措施

(1) 增大透光率

① 采用优型设计　设计合理的采光角，增加进入室内的光量，使温度升高。

② 增大透光率　选用透光率高，耐老化的无滴膜；保持棚膜平整、清洁；尽量减少建材的遮荫。

(2) 加强保温设计和建造

① 增加墙体和后坡的厚度或采用异质结构来减少贯流放热。

② 冬用型温室后墙不设通风口；温室门口设作业间、缓冲带，或直接在温室朝阳的前屋面上开设小门，以减少缝隙放热；密闭门窗；及时修补棚膜破洞。

③ 前底脚设防寒沟或采用温室地面下凹法，减少地中传热。

(3) 加强栽培管理

① 多层覆盖　利用小拱棚、二层幕、纸被、草苫等进行多层覆盖，如图 5-4 所示。草苫、纸被、二层幕等覆盖物要昼揭夜盖。

② 改善土壤结构　中耕松土，增加土壤的吸热、蓄热能力。

③ 地膜覆盖　进行膜下暗灌，减少地面的蒸发和作物蒸腾。

④ 电热线加温　育苗温床下设电热线，可有效提高床温和地温。

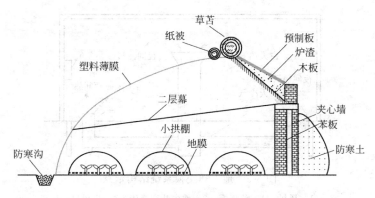

图 5-4　日光温室的保温措施

⑤ 临时加温　冬季寒流来临前用热风炉、煤气罐、炭火盆等进行临时辅助加温。

（4）其他保温措施

① 水暖袋蓄热-放热法　这种方法是利用聚氯乙烯或聚乙烯薄膜制成直径 30cm 左右的长方形水袋，在其中灌入厚度 6～8cm 的水之后加以密封。将其摆在温室或大棚内闲置的地面或钢架上。白天阳光照射，枕袋内水吸热温度上升，到了傍晚或夜间，枕袋中水所吸收的热量缓慢释放，可使温室气温不致下降过低。资料表明这种方式可使光能利用率增加 25%～30% 左右，缺点是温室内闲置土地面积不多，可放置水袋地方有限，所以集热量也不会多，室温升高幅度较小。

② 浅层热交换法　这种方法是把温室内白天剩余的热量，即由室内空气贮存的热量，通过鼓风机的加压使热空气在埋于地下 50cm 左右的管道中流动，热空气流动过程中，热量便通过管壁传给了其周围土壤，贮存起来。到了夜间，再使冷空气在地下管道中流动，于是贮存在土壤中的热量，又传给空气，从而提高温室内气温。如图 5-5 所示为地下热交换土壤蓄热系统结构示意图。地下热交换管道沿温室东西方向铺设，贮气槽设于温室中央，贮气槽两侧接近底部均匀开孔与地中热交换管道相通，贮气槽上部开口盖以木板，中间开孔放置风机。

2. 降温措施

（1）自然通风

① 日光温室的通风方法

a. 带状通风　也称扒缝放风。通常在扣膜时就预留一条东西走向可以开闭的通风带，开闭处各粘合一条尼龙绳或撕裂膜，东西拉紧，下边一块固定在拱架上，上边一块压在下边的绳上，上下相互重叠 30～40cm。通风时，扒开两膜绳，形成通风带。通风量可根据扒缝的大小随意掌握。风口可设在温室的顶部或下部，通常

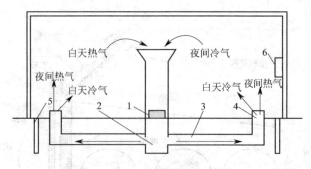

图 5-5　地下热交换系统结构示意

1—风机；2—贮气槽；3—地中热交换管；4—出风口；
5—地下隔热层；6—自动控制装置

顶部通风降温排湿效果较好。

b. 筒状通风　又称烟囱式放风。在前屋面的高处开一排直径为 30～40cm 的圆形孔，然后粘合一些直径比开口稍大、长 50～60cm 的塑料筒，筒顶用直径 8～10mm 的铁丝固定，需大通风时将筒口用竹竿支起，形成一个个烟囱状通风口；小通风时，筒口下垂；不通风时，筒口扭起。这种方法在温室冬季生产中排湿降温效果较好（图 5-6）。

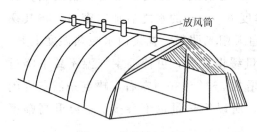

图 5-6　筒状通风示意

c. 底脚通风　多用于高温季节，将底脚围裙上卷或揭开，昼夜通风。

② 日光温室的通风原则

a. 逐渐加大通风量　每次通风时，不能一次开启全部通风口，而是先开 1/3 或 1/2，经过一段时间后再开启全部风口。可将温度计挂在温室内几个不同的位置，以决定不同位置风口大小。进入春季，随着外界温度的升高，逐渐加大通风面积和通风时间，当外界夜温稳定在 15℃ 以上时，就要昼夜通风。

b. 反复多次进行　高效节能日光温室冬季晴天 12：00～14：00 之间室内最高温度可以达到 32℃ 以上，此时打开通风口，由于外界气温低，温室内外温差过大，常常是放风不足半小时，气温已下降至 25℃ 以下，这时关闭通风口，使温室贮热增温，当室内温度再次升到 30℃ 左右时，重新放风排湿。这种放风管理应重复几次，使午后室内气温维持在 23～25℃。由于反复多次的升温、放风、排湿，可有效地排除温室内的水汽，二氧化碳气体得到多次补充，使室内温度维持在适宜温度的下限，并能有效地控制病害的发展和蔓延。遇多云天气，更要注意随时观察温度计，温度升高就放风，温度下降就闭风。否则，棚内作物极易受高温高湿危害。

c. 早晨揭苫后不宜立即放风排湿　冬季外界气温低时，早晨揭苫后常看到温室内有大量水雾，若此时立即打开天窗排湿，外界冷空气就会直接进入棚内，加速水汽的凝聚，使水雾更重。因此冬季日光温室应在外界最低气温达到0℃以上时通风排湿。一般开15～20cm宽的小缝半小时，即可将室内的水雾排除。中午再进行多次放风排湿，尽量将日光温室内的水汽排出，以减少叶面结露。

d. 低温季节不放底风　喜温蔬菜对底风（扫地风）非常敏感，低温季节生产原则上不放底风，以防各种真菌随风传入温室，病害发生蔓延。

（2）强制通风　大型温室因其容积大，自然通风降温慢，可利用湿帘-风机系统等进行强制通风降温。

（3）遮光降温　采用遮阳网、无纺布等不透明覆盖，减少棚膜的透光率来降温。

（4）地面灌溉　采用浇水、喷雾等方式，增加设施内的潜热消耗。

第三节　园艺设施的湿度环境及其调节控制

设施内由于覆盖物的阻隔，外界降雨对设施内的环境影响较小。水分来源主要包括以下三方面：一是灌溉水，人工灌溉维持作物整个生育期的需要，多雨季节设施内受降雨影响小，生产上能保持土壤水分稳定。二是地下水补给，设施外的降水由于地中渗透，有一部分横向传入设施内，同时地下水上升补给。三是凝结水，作物蒸腾及土壤蒸发散失的水汽在薄膜内表面凝结成水滴，再落入土壤中如此循环往复。此外在循环过程中，由于通风换气，使设施内的潮湿空气流向外部，必然要损失一部分水分。设施内水分收支情况如图5-7所示。

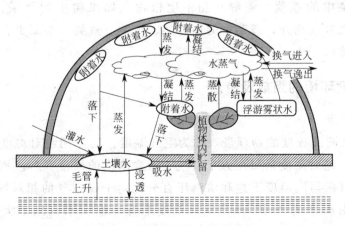

图5-7　设施水分收支情况模式

一、园艺植物对水分的要求

1. 水分在园艺植物生长发育过程中的重要作用

（1）影响园艺植物的光合作用和物质代谢　园艺植物进行光合作用，水分是重要的原料，水分不足导致气孔关闭，影响二氧化碳的吸收，使光合作用显著下降。植物体内的营养物质运输，要在水溶液中进行，缺乏水分，新陈代谢作用也无法进行。

（2）影响园艺植物的产量　土壤湿度直接影响根系的生长和肥料的吸收，也间接地影响地上部的生育，如产量、色泽和风味等。蔬菜每生产1g干物质需要400～800g的水。土壤水分减少时，因不能补充蒸腾的水分，植物体内水分失掉平衡，根的表皮木质化，生长减退，甚至坏死。

（3）影响园艺植物的产品质量　园艺植物的产品器官（菜、花、果）大多柔嫩多汁，与粮食作物很不相同。如果水分不足，细胞缺水，产品则会萎蔫、变形、纤维增多、色泽暗淡，失去特有的色、香、味。

（4）水分过多易对园艺植物生长不利　空气湿度过大，易使作物茎叶生长过旺，造成徒长，影响作物的开花结实。此外，高湿还易引起病害的发生和蔓延。土壤水分过多会导致根际缺氧，土壤酸性提高而产生危害。

2. 园艺植物对水分的要求

一方面取决于根系的强弱和吸水能力的大小；另一方面取决于植物叶片的组织和结构，后者直接关系到植物的蒸腾效率。蒸腾系数越大，所需水分越多。根据园艺植物对水分的要求和吸收能力，可将其分为耐旱植物（如果树中的石榴、无花果、葡萄等；花卉中的仙人掌科和景天科植物；蔬菜中的南瓜、西瓜、甜瓜等）、湿生植物（如花卉中的热带兰类、藻类和凤梨科植物及荷花、睡莲等，蔬菜中的莲藕、菱等）和中生植物（如果树中的苹果、梨、樱桃、柿、柑橘和大多数花卉，蔬菜中的茄果类、瓜类、豆类、根菜类、叶菜类、葱蒜类也属此类）。

二、湿度环境的组成及特点

1. 空气湿度

表示空气潮湿程度的物理量，称为空气湿度。通常用绝对湿度和相对湿度（RH）表示。绝对湿度指每立方米空气中所含水汽的质量（g）。相对湿度指空气中实际水汽压与同温度下饱和水汽压百分比，干燥空气的相对湿度为0，饱和水汽下相对湿度为100%。当空气温度上升，饱和水汽压增大，相对湿度下降。

(1) 空气湿度大 设施内空间小,气流比较稳定,又是在密闭条件下,不容易与外界对流,因此空气相对湿度较高。根据南汇蔬菜园艺有限公司1997年1～3月份甜椒温室每天日、夜24h平均相对湿度的情况,如图5-8所示,每天的平均相对湿度始终维持在90%左右,有时甚至达到饱和或接近饱和状态,是相当高的。相对湿度大时,叶片易结露,易引起病害的发生和蔓延。因此,日光温室冬季生产,需解决如何降低空气湿度的问题。

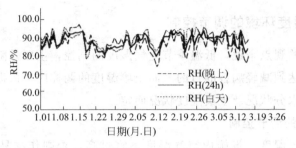

图5-8 甜椒温室空气平均相对湿度

(2) 空气湿度的变化 设施内空气湿度的大小,决定于蒸发量和蒸腾量,与温度也有密切关系。蒸发量和蒸腾量大,空气相对湿度、绝对湿度都高,在空气中含水量相同的情况下,温度越高相对湿度越小。当每立方米空气中含水量为8.3g,气温8℃时相对湿度达100%,12℃时为77.6%,16℃时为61%,在空气中水分得不到补充时,随着温度的升高,相对湿度随之下降,开始每升高7℃,相对湿度下降5%～6%,以后下降3%～4%。实际上随着温度的升高,地面蒸发和作物叶面蒸腾也在增强,空气中的水汽也在不断得到补充,只是补充的量远远低于相对湿度下降的速度。设施内相对湿度的变

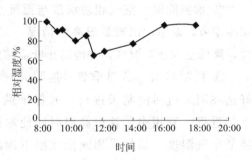

图5-9 日光温室内相对湿度的日变化

化与温度呈负相关,晴天白天随着温度的升高相对湿度降低,夜间和阴雨雪天气随室内温度的降低而升高(图5-9)。

空气湿度变化还与设施大小有关,设施容积大,空间大,空气相对湿度小些,但往往局部温度差大,如边缘地方相对湿度的日均值比中央高10%;反之,空间小,相对湿度大,而局部湿度差小。空间小的设施,空气湿度日变化剧烈,对作物生长不利,易引起萎蔫和叶面结露。从管理上来看,加温或通风换气后,相对湿度值下降;灌水后,空气湿度升高。

2. 土壤湿度特点

(1) 土壤湿度大 设施的空间或地面有比较严密的覆盖材料,土壤耕作层不能

依靠降雨来补充水分，故土壤湿度只能由灌水量、土壤毛细管上升水量、土壤蒸发量及作物蒸腾量的大小来决定。与露地相比，设施内的土壤蒸发和植物蒸腾量小，故土壤湿度比露地大。

(2) 局部湿度差　蒸发和蒸腾产生的水汽在薄膜内表面结露，不断顺着棚膜流向大棚的两侧和温室的前底脚，逐渐使棚中部干燥而两侧或前底脚土壤湿润，引起局部湿度差，所以在中部一带需多灌水。

三、设施湿度环境的调节控制

从环境调控的观点来说，低温季节空气湿度的调控，主要是降低空气湿度，防止叶面结露，以达到减轻病害的目的。而土壤湿度的调控应当依据作物种类及生育期需水量、体内水分状况及土壤湿度状况而定。

1. 空气湿度的调节控制

(1) 降低空气湿度　设施内空气湿度不宜过高，否则作物易徒长并易感染病害。降低空气湿度的方法有如下几种。

① 通风排湿　设施内造成高湿的原因是密闭所致。自然通风换气是设施排湿的主要措施，通过调节风口大小、时间和位置，达到降低室内湿度的目的，但通风量不易掌握，而且室内降湿不均匀。

② 加温除湿　空气相对湿度与温度呈负相关，温度升高相对湿度可以降低。寒冷季节，温室内出现低温高湿情况，又不能放风，就要应用辅助设备，提高温度，降低空气相对湿度，并能防止叶面结露。

③ 控制灌水　低温季节（连阴天）不能通风换气时，应尽量控制灌水。最好选在阴天过后的晴天进行，并保证灌水后有2~3天晴天。一天之内，要在上午进行，利用中午这段高温时间使地温尽快升上来，灌水后要通风换气，以降低空气湿度。最好采用滴灌或膜下沟灌减少灌水量和蒸发量，降低室内空气湿度。

④ 使用除湿机　利用氯化锂等吸湿材料，通过吸湿机来降低设施内的空气湿度。

⑤ 地面覆盖

a. 地膜覆盖　畦面用地膜覆盖，防止土壤水分向室内蒸发，可以明显降低空气湿度。地膜覆盖能保持土壤湿润，减少灌水、降低空气湿度，提高地温，是冬季设施生产不可缺少的措施。

b. 畦间覆草　畦间供人作业的过道，可覆盖稻草，既可起到防止土壤水分蒸发的作用，又可吸收空气中的水分，从而可明显降低空气湿度。

c. 不织布覆盖　不织布具有透光、透气、吸湿和保温的作用，用不织布扣小拱棚或进行浮面覆盖,不但保温,而且可透气吸湿,降低拱棚内的空气湿度。

(2) 增加空气湿度　空气湿度或土壤湿度过低,气孔关闭,影响光合产物的运输,干物质积累缓慢、植株萎蔫。特别是在分苗、嫁接及定植后,需要较高的空气湿度以利缓苗。增加空气湿度的方法主要有减少通风量、喷雾加湿、栽培床上加盖小拱棚、采用畦灌或喷灌以增加空气湿度。

2. 土壤湿度的调节和控制

设施内土壤湿度的变化不仅影响环境的温度和空气湿度,也会影响土壤的通气、养分和温热状况。因此,调控设施内土壤湿度是保证设施环境有利于植物生长发育的关键技术和重要手段。调控设施内土壤水分状况的主要技术措施是灌水和排水,应根据设施内不同植物、不同生育时期的需水特性及植物体内的水分状况和设施内环境条件合理确定灌水、排水时间和排灌量。

第四节　园艺设施的土壤环境及其调节控制

土壤是园艺植物赖以生存的基础,园艺植物生长发育所需要的养分与水分,都需从土壤中获得,所以园艺设施内的土壤营养状况直接关系作物的产量和品质,是十分重要的环境条件。设施土壤的肥沃主要表现在能充分供应和协调土壤中的水分、养料、空气和热能以支持作物的生长和发育。通过耕作措施使土层疏松深厚,有机质含量高,土壤结构和通透性能良好,蓄保水分、养分和吸收能力高,微生物活动旺盛等,都是促进园艺植物生长发育的有利土壤环境。

一、土壤环境的组成及其特点

1. 土壤的气体条件

作物根系具有支持植株,吸收水分、无机养分并将其输送到作物地上部分,贮藏有机物质等多种功能,这些功能都要依靠根的呼吸作用产生能量,所以应当保持根的正常呼吸作用,提高作物根系的活性。为此,要求土壤有良好的通气性,土壤气体中二氧化碳浓度不可过高。设施土壤气体环境有以下特点。

(1) 二氧化碳浓度高　土壤表层气体组成与大气基本相同,但二氧化碳浓度有时高达 0.03% 以上。这是由于根系呼吸和土壤微生物活动释放出二氧化碳造成的。土层越深,二氧化碳浓度越高。

(2) 透气性较差　土壤气体存在于土粒间隙内,正常的土粒和间隙的比例大约是1∶1,间隙内被气体和水分充满着,其比例又是大约1∶1。设施温度高,土壤蒸发量大,灌水次数多,易破坏土壤的团粒结构,造成土壤板结,影响透气性。

2. 土壤的生物条件

土壤中存在着病原菌、害虫等有害生物和硝化细菌、亚硝化细菌、固氮菌、铵化细菌等有益微生物,正常情况下这些生物在土壤中保持一定的平衡。但由于设施内的环境比较温暖湿润,为一些土壤中的病虫害提供了越冬场所,使得一些在露地栽培可以消灭的病虫害,在设施内难以绝迹,导致设施虫害和土传病害严重。

3. 土壤的营养条件

(1) 土壤次生盐渍化　设施栽培超量施入化肥的现象,使得当季有相当数量的盐未被作物吸收而残留在耕层土壤中。再加上覆盖物的遮雨作用,土壤得不到雨水的淋溶,在蒸发力的作用下,使得设施内土壤水分总的运动趋势是由下向上,不但不能带走多余盐分,还使内盐表聚。而露地土壤水分的趋势是由上向下,可溶性离子也大都随水下行,故表土内很少积累盐分(图5-10)。

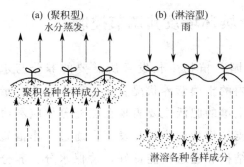

图5-10　设施土壤与自然土壤的差别

(2) 土壤酸化　造成设施土壤酸化的原因是多方面的,但最主要的是由于氮肥施用量过多,残留量大而引起的。土壤酸化除因pH值过低直接危害作物外,还抑制了磷、钙、镁等元素的吸收,如图5-11所示。

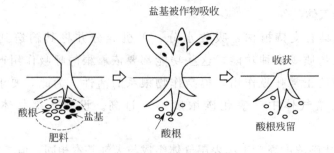

图5-11　土壤酸化示意图

(3) 土壤养分不平衡　生产年限较长的温室大棚,土壤中氮和磷浓度过高,导致钾相对不足,锌、钙、镁也缺乏,对作物生长发育不利。

二、设施土壤环境的调节控制

1. 改善土壤的气体环境

设施生产过程中,可通过以下措施改善设施土壤气体环境。

①施入大量的有机肥,改善土壤结构和理化性质。②适时中耕松土,将灌水所破坏的团粒结构复原,提高土壤的通气性。③合理灌溉,尽量采用喷灌或滴灌,防止大水漫灌造成的土壤板结。④采用地面覆盖,减少地面蒸发量,防止土壤板结。

2. 土壤消毒,改善生物环境

(1) 药剂消毒

① 甲醛(40%)　用于温室大棚或苗床床土消毒,可消灭土壤中的病原菌,同时也杀死有益微生物,使用浓度 50~100 倍。使用时先将土壤翻松,然后用喷雾器均匀喷洒在地面上再稍翻一翻,使耕作层土壤都能沾着药液,并用塑料薄膜覆盖地面保持 2d,使甲醛充分发挥杀菌作用以后揭膜,打开门窗,使甲醛散发出去,两周后才能使用。

② 硫黄粉　用于温室大棚及苗床土壤消毒,消灭白粉病、红蜘蛛等,一般在播种前或定植前 2~3d 进行熏蒸,熏蒸时要关闭门窗,熏蒸一昼夜即可。

③ 药土消毒法　每平方米用 40% 多菌灵或 50% 硫菌灵(拖布津)可湿性粉剂或 40% 五氯硝基苯 8g,对水 2~3kg,掺细干土 5~6kg,均匀地撒到地里。也可用溴化甲醇,每平方米用 300g,方法同上。

④ 溴甲烷熏蒸消毒法　溴甲烷是一种有毒的液化气体,在 35℃ 以上空气中,能蒸发为比空气重 3 倍的气体,且有强大的扩散能力,可以在不漏气的聚乙烯塑料薄膜覆盖的土壤中向各个部位渗透。熏蒸前 10d 施基肥,深翻土壤 30~40cm,耙细耧平,按便于扣小拱棚的长宽作畦。土壤干旱时需灌水,使土壤干湿适中,以利于草籽萌发和病菌活化。消毒前搭成 40cm 高的拱架,将经检查无破损的薄膜扣上,薄膜四周用土压严密封,以防漏气。熏蒸时将药品放在拱棚中央,每平方米用药 50g。溴甲烷为液化气体,施用后便立即汽化,温度越高扩散越快。一般熏蒸时间为 24~48h。若土温低于 15℃ 时,熏蒸时间可延长到 48~72h,土温低于 10℃ 时,不宜进行熏蒸。熏蒸处理 1~2d 后,需揭膜通风散毒,1~2d 后即可种植作物。溴甲烷放出后为剧毒气体,必须在人药隔离条件下施用,操作人员需戴防毒面具,熏蒸场所严禁人畜进入。溴甲烷溅到皮肤上应立即用肥皂和清水冲洗,被污染的衣物清洗后还要彻底通风几天后再穿。

(2) 高温消毒　在炎热的夏季,趁保护地休闲之机,利用天气晴好、气温较高、阳光充足的7～8月份,将保护地内的土壤深翻30～40cm,每亩均匀撒施2～3cm长的碎稻草和生石灰各300～500kg,并一次性施入农家肥5000kg,再耕翻使稻草、石灰及肥料均匀分布于耕作层土壤。然后做成30cm高、60cm宽的大垄,以提高土壤对太阳热能的吸收。棚室内周边地温较低,易导致灭菌不彻底,故将土尽量移到棚室中间。灌透水,上覆塑料薄膜,新旧薄膜均可,旧膜在用前应洗净晾干。将薄膜铺平拉紧,压实四周,闭棚升温。根据水分渗透状况,每隔6～7天充分灌水一次。然后高温闷棚10～30d,使耕层土壤温度达到50℃以上,可直接杀灭土壤中所带的有害病菌及各种虫卵,大大减轻菌核病、枯萎病、疫病、根结线虫病、红蜘蛛及多种杂草的危害,还能促进土壤中的有机质分解,提高土壤肥力。土壤中加入石灰和稻草,可以加速稻草等基质腐烂发酵,起放热升温作用,同时石灰的碱性又可以中和基质腐烂发酵产生的有机酸,保持土壤酸碱平衡。

(3) 蒸汽消毒法 该法对预防各种土壤传染病效果好,但成本较高。方法是将蒸汽通入埋在土壤中的管道中,使30cm深处的温度保持在82℃,处理30min。土表用罩布盖严,四周压实,防止蒸汽跑掉。管道的埋法是:将直径5cm的铁管,每隔30cm钻一豆粒大的小孔,然后每隔30～45cm埋一根,深度为20～30cm。

(4) 通电消毒 利用大连市农业机械化研究所研制的3DF-90型土壤连作障碍电处理机,对土壤进行电处理,可有效解决温室连作土壤中作物根系毒害累积,有害微生物、根结线虫危害及营养元素不均衡问题。经试验证明,该技术能消解前茬作物根系分泌的有机酸,使作物可以重茬种植,防治病害率达到90%以上,对根结线虫的防治率也达到95%以上。目前正在推广使用中。

3. 土壤次生盐渍化的防治

(1) 温室大棚的选址建造 建造温室大棚应尽量选择土质疏松、腐殖质含量高的土壤,地下水位低于2.5m,矿化度小于2g/L。温室内外应挖33cm深的排水沟,以利于灌水洗盐或雨水洗盐。

(2) 合理施肥

① 增施有机肥,增加土壤对盐分的缓冲能力。

② 施用化肥时,应根据蔬菜作物种类和预计产量进行配方施肥,避免超量施入。施肥方法上要掌握少量多次,随水追施。尽量少施硫酸铵、氯化铵等含副成分的化肥,这些肥料的可利用部分被吸收后,硫酸根离子和氯离子残留在土壤中,会使土壤盐溶液浓度升高。

(3) 淋雨洗盐 雨季到来之前,揭掉棚室上的塑料薄膜,使土壤得到充足的雨水淋洗。事先挖好棚内的排水沟,使耕层土壤中多余的盐分能够随水排走。这是季节性覆盖保护地最有效的排盐措施。

(4) 灌水洗盐 春茬作物收获后,在棚内灌大水洗盐。灌水量以 200~300mm 为宜。灌水前清理好排水沟,使灌水及时由径流排走。有条件的可以在地下埋设有孔塑料暗管,可使灌水洗盐时下渗的水和盐分由它排走。

(5) 地面覆盖 地膜覆盖可降低土面蒸发,减少随水上移的盐分在土表积聚。畦间过道由于土壤被踩实,毛细作用较强,表土盐分积累严重。在过道上铺盖秸秆、锯末等有机物,可以减少土面蒸发积盐。

(6) 生物除盐 盛夏季节,利用保护地休闲之际,可在棚室内种植吸肥力强的禾本科植物,如玉米、高粱、苏丹草等。这些作物在生长过程中可以吸收土壤中的无机态氮,降低土壤溶液浓度。吸盐作物长成后还可割青翻入土中作绿肥。也可结合整地施入锯末、稻草、麦糠、玉米秸秆等含碳量高的有机物,使之在分解过程中,通过微生物活动来消耗土壤中的可溶性氮,降低土壤溶液盐浓度和渗透压,缓解盐害。

(7) 深耕土壤 设施土壤应每年深耕两次,切断土壤中的毛细管,减少地面蒸发,抑制土壤返盐。深耕还可使积盐较多的表土与积盐少的深层土混合,可起到稀释耕层土壤盐分的作用。

(8) 客土换壤 铲除积盐较多的表土或以客土压盐,也可暂时维持生产。如果保护地内土壤积盐严重,上述除盐方法效果不明显或无条件实施,最后只得更换保护地内耕层土壤或迁移换址。积盐的土壤在自然条件下淋洗 1~2 年,土壤含盐量即可恢复正常。

第五节 园艺设施气体环境及其调节控制

园艺设施内的气体条件不如光照和温度条件那样直接地影响着园艺植物的生育,往往被人们所忽视。但随着设施内光照和温度条件的不断完善,保护地设施内气体成分和空气流动状况对园艺植物生育的影响也逐渐引起人们的重视。设施内空气流动不但对温、湿度有调节作用,并且能够排出有害气体,同时补充二氧化碳,这对增强园艺植物光合作用,促进生育有重要意义。所以,为了提高园艺植物的产量和品质,必须对设施环境中的气体成分及其浓度进行调控。

一、园艺设施的气体环境及其特点

1. 氧气

园艺植物生命活动需要氧气(O_2),尤其在夜间,光合作用因为黑暗的环境而不再进行,呼吸作用则需要充足的氧气。此外,根系的形成和种子的萌发,都需要有足够的氧气。

2. 二氧化碳

二氧化碳（CO_2）是绿色植物光合作用的主要原料，自然界中二氧化碳的浓度为0.03%，一般蔬菜作物的二氧化碳饱和点是1%～1.6%，显然不能满足需求。但露地生产中从来表现不出二氧化碳不足现象，原因是空气流动，作物叶片周围的二氧化碳不断得到补充。而设施生产是在封闭或半封闭条件下进行的，二氧化碳的主要来源是土壤微生物分解有机质产生或作物呼吸产生的，冬季很少通风，二氧化碳得不到补充，常使植株处于二氧化碳饥饿状态，作物产量下降。

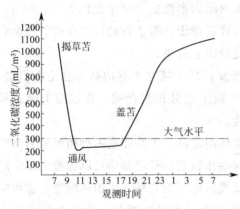

图 5-12　温室内 CO_2 浓度的日变化

(1) 二氧化碳浓度的日变化　温室早晨揭苫时二氧化碳浓度最高，一般可达到1%～1.5%。揭苫后随着光照强度增加，温度升高，作物光合作用增强，二氧化碳浓度迅速下降。如不通风，到上午10时左右浓度最低，达0.01%，比大气中还低，造成"生理饥饿"，严重地抑制了光合作用。到了夜间，作物呼吸作用放出二氧化碳，土壤微生物活动也会放出二氧化碳，温室又处于密闭状态，所以夜间二氧化碳浓度最高，比一般空气中的含量高3～5倍。如图5-12所示。

(2) 二氧化碳浓度随天气的变化　晴天作物光合作用强，二氧化碳浓度明显降低。阴雨天作物光合作用弱，二氧化碳浓度较高，接近大气中的浓度水平。

(3) 二氧化碳浓度在空间上的分布　垂直方向上，植株间二氧化碳浓度低；水平方向上，中部二氧化碳浓度高，四周低。

3. 有害气体

设施生产中如管理不当，常发生多种有毒害气体（表5-4），这些气体主要来自于有机肥的分解、化肥挥发、棚膜挥发、烟道加温漏气等。当有害气体积累到一定浓度，作物就会发生中毒症状，浓度过高会造成作物死亡，必须尽早采取措施加以防除。

表 5-4　主要有害气体及其危害特征

有害气体	主要来源	危害浓度 /(mL/m^3)	危　害　症　状
氨气	施肥	5	由下向上，叶片先呈水浸状，后失绿变褐色干枯。危害轻时一般仅叶缘干枯
二氧化氮	施肥	2	中部叶片受害最重。先是叶面气孔部分变白，后除叶脉外，整个叶面被漂白、干枯

续表

有害气体	主要来源	危害浓度/(mL/m^3)	危 害 症 状
二氧化硫	燃料	3	中部叶片受害最重。轻时叶片背面气孔部分失绿变白,严重时叶片正反面均变白枯干
一氧化碳	燃料		叶片白化或黄化,严重时会造成叶片枯死
乙烯	塑料制品	0.1	植株矮化,茎节粗短,叶片下垂、皱缩,失绿转黄脱落;落花落果,果实畸形等
氯气	塑料制品	0.1	叶片边缘及叶脉间叶肉部分变黄,后漂白枯死

二、园艺设施气体环境的调节控制

1. 增施二氧化碳气肥

(1) 增施二氧化碳的适宜浓度　增施二氧化碳的最适宜浓度与作物种类、品种和光照强度有关,也因天气、季节、作物生育期不同而异。一般而言,接近饱和点的浓度是最适合的二氧化碳施肥浓度。一般蔬菜的饱和点在 1000mL/m^3 左右,弱光下二氧化碳饱和点下降,在强光下二氧化碳饱和点提高。根据有关研究,目前掌握了一些园艺植物的最佳施肥浓度为:黄瓜、茄子、青椒采用 800~1500mL/m^3,番茄、甜瓜在 500~1000mL/m^3,大白菜在 1350mL/m^3,大豆在 700mL/m^3,西葫芦为 700~1200mL/m^3,油菜在 600~1000mL/m^3,韭菜在 700~1000mL/m^3。

(2) 施用方法

① 通风换气　通风换气是补充二氧化碳最简便的方法,简便易行,但增施二氧化碳的量不易掌握,且严寒冬季难以进行。

② 有机肥发酵　肥源丰富,成本低,简单易行,但二氧化碳发生量集中,也不易掌握。

③ 燃烧法　燃烧白煤油、天然气、液化气、沼气、煤、焦炭等来增施二氧化碳,常用方式是采用火焰燃烧式二氧化碳发生器产生二氧化碳,通过管道或风扇吹散到室内各角落。这种方法的优点是简单有效,缺点是优质燃料成本高,一般燃料易产生 CO、SO$_2$ 等有害气体,使用过程中应注意使燃料充分燃烧。

④ 施用液态、固态二氧化碳　每 1000m^3 空间每次施 2~3kg。这种方法的优点是施放的二氧化碳纯净、安全、方便,劳动强度小。缺点是二氧化碳的来源受限制。

⑤ 施用颗粒肥　山东省农科院研制出的二氧化碳颗粒肥,埋入土中或放入容器中加水,即可产生二氧化碳,缓慢向空气中释放。此法的优点是不需要特殊装置,简单易行。缺点是释放时间不易控制。

⑥ 化学反应法　采用碳酸盐和强酸反应产生二氧化碳。我国目前多用此种方

法。反应式如下：

$$2NH_4HCO_3 + H_2SO_4 \longrightarrow (NH_4)_2SO_4 + 2H_2O + 2CO_2 \uparrow$$

$$2NaHCO_3 + H_2SO_4 \longrightarrow Na_2SO_4 + 2H_2O + 2CO_2 \uparrow$$

$$CaCO_3 + 2HCl \longrightarrow CaCl_2 + H_2O + CO_2 \uparrow$$

生产中多采用废硫酸和化肥碳酸氢铵反应。使用时首先将3份体积水置于塑料或陶瓷容器中，边搅拌边将1份体积的浓硫酸沿器壁缓慢加入水中，搅匀，冷却至常温备用。然后将配制好的稀硫酸盛入敞口塑料桶内，一次可放入2～3d的用量，这样在塑料桶中一次加入的碳酸氢铵完全转化成二氧化碳后，稀硫酸还有剩余，省去了经常稀释硫酸的麻烦，也可防止碳酸氢铵过剩而有氨气产生，对作物生长不利。使用时将称好的碳酸氢铵用厚纸包好，其上插几个孔，慢慢放入稀硫酸中，以免反应过于剧烈而使硫酸溅出。碳酸氢铵不可浮在反应液上面，防止氨气产生。因为二氧化碳较重，生成后要下沉扩散，所以盛硫酸的桶应该悬挂在空中，利于功能叶片的吸收，悬挂高度随植株生长点适当向上提高，一般略高于植株生长点。为使二氧化碳分布均匀，通常每亩温室要均匀设置6～8个发生点。硫酸与碳酸氢铵完全反应后（即碳铵加入硫酸后完全无气泡放出）得到的液态硫铵，可稀释50倍直接作追肥用。

每日所需反应物的量可根据下列公式计算：

碳酸氢铵量(g)＝保护地空间体积(m^3)×施用二氧化碳浓度(mL/m^3)×0.0036

(5-1)

所需硫酸量(g)＝每日所需碳酸氢铵量(g)×0.62   (5-2)

式中，保护地空间体积＝保护地面积×平均高度；保护地黄瓜二氧化碳施用浓度为1200～2000mL/m^3；0.0036为每立方米发生1mL二氧化碳所需的碳酸氢铵质量，g；0.62为1g碳酸氢铵需与0.62g硫酸反应。

生产中采用化学反应法增施二氧化碳气肥，反应物投入量可参考表5-5。

表5-5 硫酸与碳酸氢铵投料表

设定浓度 /(mL/m^3)	每立方米空间需二氧化碳		反应物投放量/kg	
	质量/g	体积/L	96%硫酸	碳酸氢铵
500	0.3929	0.2	0.4554	0.7054
800	0.9821	0.5	1.1384	1.7634
1000	1.3751	0.7	1.5938	2.4688
1200	1.7079	0.9	2.0491	3.1741
1500	2.3571	1.2	2.7321	4.2321
2000	3.3393	1.7	3.8705	5.9955
2500	4.3214	2.2	5.0089	7.7589
3000	5.0336	2.7	6.1473	9.5223

注：原有二氧化碳浓度以300mL/m^3计，设定浓度应减去300mL/m^3，例如设定浓度为1000mL/m^3，则需新增700mL/m^3。

目前市场上出售的二氧化碳发生器其工作原理如图 5-13 所示,经清水过滤过的二氧化碳气体通过散气管导入温室大棚的各部分。

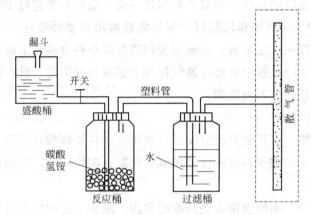

图 5-13 二氧化碳发生器工作原理示意图

（3）二氧化碳的施用时期和时间　果菜类宜在结果期施用,开花坐果前不宜施用,以免营养生长过旺造成化瓜。冬季光照较弱、作物长势较差、二氧化碳浓度又较低时,可提早施用。根据棚室一天中二氧化碳浓度变化情况,二氧化碳一般在晴天日出后半小时开始施用,到放风前半小时停止施用。每天有 2~3h 的施用时间,就不会使植株出现二氧化碳饥饿状态。不同季节间光照时数和最高光强出现的时间不一致,从获得最佳经济效益的角度来讲,二氧化碳施用的具体时间为 12 月份到翌年 1 月份为 9~11 时,2~3 月份为 8~10 时,4~5 月份和 11 月份为 7~9 时。

（4）二氧化碳气肥的施用效果　实践证明,设施内增施二氧化碳气肥能够提高园艺植物产量,改善品质。一方面二氧化碳是光合作用的主要原料,环境中的二氧化碳浓度升高,作物的光合强度和光合速率增大,同化物产量增多,促进营养生长,使株高、茎粗、叶面积增加;另一方面,增施二氧化碳还可促进作物的生殖生长,使果菜类作物花芽分化提早,花数增加,坐果率提高,增大果实生长速度,达到早熟高产。此外,二氧化碳施肥可使番茄、黄瓜果实内含糖量、维生素 C 含量升高,改善品质。

（5）二氧化碳施肥的注意事项

① 二氧化碳施肥通常选择在晴天的上午,下午通常不施。另外,阴天、雨雪天气,或气温较低时,光合作用弱,也不需施用。

② 进行二氧化碳施肥时,应设法将棚室内的温度提高 2~3℃,有利于促进光合作用。

③ 增施二氧化碳后,作物生长加快,消耗养分增多,应适当增加肥水,才能获得明显的增产效果。

④ 要防止设施内二氧化碳浓度长时间偏高，引起植株二氧化碳中毒。

⑤ 要保持二氧化碳施肥的连续性，应坚持每天施肥，如不能每天施用，前后两次的间隔时间也应短一些，一般不要超过一周，最长不要超过10d。

⑥ 采用化学反应法稀释硫酸时一定要将硫酸沿器壁缓慢注入水中，千万不能将水倒入硫酸，以免发生事故；盛硫酸要用陶瓷或塑料容器，不能用金属容器，否则会发生腐蚀。反应过程中要防止氨气挥发引起蔬菜氨中毒，反应液做追肥前要做酸性检查，无残留酸后方可施肥。

2．预防有害气体

(1) 合理施肥　有机肥要充分腐熟后施用，并且要深施，以防 NH_3 和 SO_2 等有毒气体危害；不用或少用挥发性强的氮素化肥；深施基肥，不地面追肥；施肥后及时浇水等。

(2) 覆盖地膜　用地膜覆盖垄沟或施肥沟，阻止土壤中的有害气体挥发。

(3) 正确选用与保管塑料薄膜与塑料制品　应选用无毒的蔬菜专用塑料薄膜和塑料制品，棚室内不堆放陈旧制品及农药、化肥、除草剂等，以防高温时挥发有毒气体。

(4) 正确选择燃料、防止烟害　应选用含硫低的燃料加温，并且加温时，炉和排烟道要密封严实，严防漏烟。有风天加温时，还要预防倒烟。

(5) 勤通风　一旦发生气害，注意加大通风，不要滥施农药化肥。

第六节　秸秆生物反应堆技术的应用

秸秆生物反应堆技术是使作物秸秆在微生物（纤维分解菌）的作用下发酵分解，产生二氧化碳、热量、抗病孢子、有机和无机肥料来提高作物抗病性、提高作物产量和品质的一项新技术，目前在蔬菜设施生产中广泛推广应用。

一、秸秆生物反应堆的应用效果及原理

制约当前保护地蔬菜生产的突出问题主要是冬季地温低、二氧化碳气体亏缺、土传病害严重及土壤性状变劣，而秸秆生物反应堆恰恰解决了这几个问题。首先作物秸秆在微生物的作用下发酵分解产生热量，能够提高土壤温度（内置式反应堆），同时微生物活动时产生大量二氧化碳，向蔬菜行间释放，大大缓解了保护地由于保温密闭造成的二氧化碳气体亏缺。二氧化碳是蔬菜光合作用的原料，二氧化碳缺乏会引起蔬菜作物生理饥饿，造成作物生长不良、减产等后果。秸秆分解后形成有机质，有利于改善土壤结构，增强土壤肥力。同时，由于土壤中有益微生物的旺盛活动，大大抑制了有害微生物的繁殖，因此，减轻了根腐病等土传病害的发生。综上

所述，蔬菜作物在地温适宜、二氧化碳气体充足、土壤疏松透气的环境中，植株生长健壮，抗逆性和抗病性大大提高。实践证明，保护地蔬菜生产（尤其是越冬生产）中使用秸秆生物反应堆，具有促进生长、增加产量、改善品质、提早成熟和增强抗病性的效果。

二、秸秆生物反应堆的建造

秸秆生物反应堆分为外置式反应堆（包括棚内和棚外两种形式）和内置式反应堆（包括定植行下反应堆和定植行间反应堆）两种。外置式反应堆适合于春、夏和早秋大棚栽培，内置式反应堆适用于日光温室蔬菜越冬栽培。

1. 内置式反应堆的建造

(1) 定植行下内置式反应堆的建造方法

① 施肥备料　温室清园后，普施充分腐熟的有机肥作基肥，耕翻后整平，使粪土混合均匀。秸秆生物反应堆可促进养分分解，但不能取代施肥。建造秸秆反应堆需要准备菌种、麦麸和秸秆三种反应物，其比例（质量比）为菌种∶麦麸∶秸秆＝1∶20∶500。通常每亩需要准备作物秸秆4000～5000kg，秸秆可以使用玉米秸、稻草、麦秸、稻糠、豆秸、花生秧、花生壳、谷秸、高粱秸、烟柴、向日葵秸、树叶、杂草、糖渣、食用菌栽培后的菌糠等。目前市场上用于秸秆生物反应堆的菌种较多，如沃丰宝生物菌剂、圃园牌秸秆生物反应堆专用菌种等，每亩用量8～10kg，同时需准备麦麸子160～200kg，为菌种繁殖活动提供养分。

② 挖沟铺秸秆　在种植行下按照大小行的距离在定植行正下方开沟，沟宽70～80cm，沟深20～25cm，长度同定植行。挖出的土堆放在沟的两侧。沟挖好后将秸秆平铺到沟内，踏实、踩平，秸秆厚度30cm左右，南北两端各露出10cm，以利于散热、透气。

③ 撒菌种　菌种使用前必须进行预处理。方法是用1kg菌种和20kg麦麸干着拌匀，再用喷壶喷水，水量16kg。秋季和初冬（8～11月份）温度较高，菌种现拌现用，也可当天晚上拌好第2天用；晚冬和早春季节要提前3～5d拌好菌种备用。拌好的菌种一般摊薄10cm存放，冬季注意防冻。麦麸也可用饼类、谷糠替代，但其数量应为麦麸的3倍，加水量应视不同用料的吸水量确定（以手轻握不滴水为宜）。施用菌种前先在秸秆上均匀撒施饼肥，每亩用量为100～200kg，然后再把处理好的菌种撒在秸秆上，并用铁锹轻拍使菌种渗漏至下层一部分。如不施饼肥，也可在菌种内拌入尿素，用量为1kg菌种加50g尿素，目的是调节碳氮比，促进微生物分解。

④ 定植打孔　将沟两边的土回填于秸秆上成垄，浇水湿透秸秆。2～3d后，找平起垄，秸秆上土层厚度保持20cm左右。7d后在垄上按株行距定植，缓苗后覆

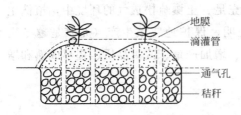

图 5-14 定植行下内置式生物反应堆示意

地膜。最后按 20cm 见方，用 14 号钢筋在定植行上打孔，孔深以穿透秸秆层为准。如图 5-14 所示。

(2) 定植行间内置式秸秆生物反应堆的建造方法　一般小行高起垄（20cm 以上），定植。秸秆收获后在大行内开沟，距离植株 15cm。沟深 15~20cm，长度与行长相等。沟铺放秸秆 20~25cm 厚，两头露出秸秆 10cm，踏实找平。按每行用量撒接一层处理好的菌种，用铁锨拍振一遍，回填所起土壤，厚度 10cm 左右，并将土整平，浇大水湿透秸秆。4d 后打孔，打孔要求在大行两边靠近作物处，每隔 20cm，用 14 号钢筋打一个孔，孔深以穿透秸秆层为准。菌种和秸秆用量可参照定植行下内置式生物反应堆。

行间内置式反应堆只浇第一次水，以后浇水在小行间按常规进行。管理人员走在大行间，也会踩压出二氧化碳，抬脚就能回进氧气，有利于反应堆效能的发挥。此种内置式反应堆，应用时期长，田间管理常规化，初次使用者易于掌握。已经定植或初次应用反应堆技术种植者可以选择此种方式，也可以把它作为行下内置式反应堆的一种补充措施。如图 5-15 所示。

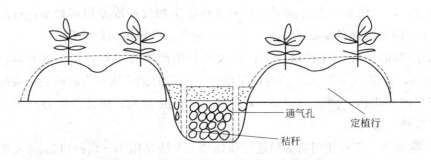

图 5-15　定植行间内置式生物反应堆示意

2. 外置式生物反应堆的建造

外置式生物反应堆是建造在棚外或棚头一侧的生物反应堆，由贮气池、秸秆反应堆、输气道、进气道与交换机组成。外置式反应堆可以大量地、连续不断地向植物提供足够的二氧化碳、抗病生物孢子和具有丰富营养的浸出液，反应堆的陈渣可作为植物的优质肥料。

① 贮气池　在温室入口的山墙内侧，距山墙 60cm，自北向南挖一个宽 1m、深 0.8m、长度略短于大棚宽度的沟作为贮气池。整个沟体可用单砖砌垒，水泥抹面，打底。无条件者，也可只挖一条沟，用厚农膜覆盖底和四壁。

② 进气孔　在贮气池两侧建边长 50cm 的方形取液池和边长 20cm 方形进

气口。

③ 输气道 从沟中间位置向棚内开挖一个底部低于沟底10cm、宽50cm，向外延伸60cm的输气道。

④ 交换机底座 接着输气道做一个下口直径为50cm、上口内径为40cm、高出地面20cm的圆形交换机底座，用于安装二氧化碳交换机和输气带。

⑤ 反应堆 贮气池上搭水泥杆和铁丝，上面铺放秸秆。最下面一层最好使用具有支撑作用的长秸秆。每层秸秆同方向顺放，层与层秸秆要交叉叠放。底层以上成捆的秸秆铺放时，要把秸秆解开，以利腐化分解。每50cm厚秸秆，撒一层用麦麸拌好的菌种，菌种要撒放均匀，轻拍秸秆使菌种落进秸秆层，连续铺放三层。淋水浇湿秸秆，淋水量以贮气池中有一半积水为宜。秸秆堆上要用木棍打孔以利透气。最后用农膜覆盖保湿，秸秆上面所盖塑料膜靠近交换机的一侧要盖严，以保证交换机抽出的二氧化碳气体的纯度。

⑥ 安装交换机和输气带 安装二氧化碳交换机要平稳牢固，结合处采用泥或水泥密封。然后把二氧化碳微孔传输带套装在交换机上，用绳子扎紧扎牢。二氧化碳微孔传输带，要东西向固定在大棚吊蔓用的铁丝或棚顶的拱架上。交换机接通220V电源即可。

一般50m的标准大棚，外置式反应堆需用菌种6kg，分3次使用，每次2kg；秸秆用量3000kg，分3次使用，每次用量1000kg。菌种的预处理同内置式反应堆。

很多地方为了利用夏季的高温高湿等自然优势，更为适宜的是简易外置式反应堆的使用，该反应堆的建造形式是：一般只需挖一条相应面积贮气池，然后铺农膜、水泥杆拉铁丝固定后，加秸秆撒菌种、淋水浇湿、通气、盖膜、反应转化降解等操作程序同上，应用和处理方法同上。此种反应堆二氧化碳利用率低，主要应用浸出液和沉渣。

三、秸秆生物反应堆使用注意事项

1. 内置式秸秆生物反应堆使用注意事项

（1）减少浇水量 在第一次浇水湿透秸秆的情况下，不论什么蔬菜，定植时只浇少量水即可，不能浇大水。平时管理也要减少浇水次数。

（2）打孔通气 每逢浇水后，气孔堵死，都必须重新打孔，以保证微生物反应所需氧气的供应及反应堆二氧化碳气体的释放。

（3）慎用农药化肥 前两个月，浇水时不能冲施化肥、农药，尤其要禁冲杀菌剂，以避免降低反应堆菌种的活性。但叶面喷药不受限制。后期可适当追施少量有机肥或复合肥，每次每亩冲施有机肥15kg左右，或复合肥10kg左右。

2. 外置式秸秆生物反应堆使用注意事项

（1）补气和用气　补气是指补充氧气。秸秆生物反应堆中的纤维分解菌是一种好氧菌，其旺盛的生命活动需要大量的氧气。因此，反应堆上面盖膜不可过严，四周要留出5~10cm高的空间，以利于通气。每次浇水后都要用直径10cm尖头木棍自上向下按40cm见方，在反应堆上打孔通气，孔深以穿透秸秆层为宜。也可以把长1.5m左右的塑料管壁扎若干个气孔，插入反应堆秸秆层中，便于通气。内径10cm的塑料管可用两根，细一些的可酌情选用6~8根，管子上端要露出秸秆层。用气是指利用好反应堆释放的二氧化碳气体，反应堆建好当天就应当打开交换机通风换气。前五天，每天开机换气2h左右。5d后开机时间逐渐延长至6~8h，以把反应堆产生的二氧化碳通过微孔传输带输送给大棚蔬菜。即使遇到阴天时也要开机3~4h，以防止秸秆反应堆厌氧反应，产生毒害气体为害蔬菜生长。即使阴雨天，也应每天通气5h以上。每日开机时间，自上午7时至盖草苫为止。

（2）补水和用液　水是微生物分解转化秸秆的重要介质。缺水会降低反应堆的效能，反应堆建好后，10d内可用贮气池中的水循环补充1~2次。以后可用井水补充。秋末冬初和早春每隔7~8天向反应堆补一次水；严冬季节10~12天补一次水。补水应以充分湿透秸秆为宜。反应堆浸出液中含有大量的二氧化碳、矿质元素、抗病生物孢子，既能增加植物的营养，又可起到防治病虫害的效果，生产中可用作叶面肥和冲施肥。用法是按1份浸出液对2~3份的水，喷施叶片和植株，或结合浇水冲施，每次每沟15~25kg即可。

（3）补料和用渣　外置式反应堆一般使用50~60d，秸秆消耗在60%以上。此时应及时补充秸秆和菌种。一次补充秸秆1000kg，菌种2kg，浇透水。秸秆在反应堆反应后的剩余陈渣，富含有机和无机养分，收集起来，可作追肥使用，也可以供下茬作物定植时在穴内使用，效果很好。

第七节　灾害性天气对策

设施栽培中冬春季常遇到大风、暴风雪、寒流强降温、冰雹、连续阴天或久阴暴晴等灾害性天气。如不立即采取措施，园艺植物生产必然要遭受损失。

一、大风天气

大棚温室冬春季如遇8级以上大风，前屋面薄膜会随着风速变化而鼓起、下落，上下摔打，时间一长薄膜就要破损，使温室内的作物遭受冻害。因此，遇到大风天气，半拱式前屋面，应紧好压膜线，一斜一立式前屋面应用竹竿或木杆压膜。必要时放下部分草苫把薄膜压牢。夜间遇到大风，容易把草苫吹开掀起，使前屋面暴露出来，加速了前屋面的散热，作物易发生冻害，薄膜也容易刮破。所以遇到大风天的夜晚要把草苫压牢，随时检查，发现被风吹开及时拉回原位压牢。

二、暴风雪

冬春降雪天气一般温度不是很低，但降雪后气温下降较多，有时大风夹着雪，形成暴风雪。在外温不是很低时降雪，可能边降雪边融化，湿透草苫，雪后草苫冻硬，这样不但影响保温效果，卷放也比较困难。因此，可采取降雪前揭开草苫，雪停后清除前屋面积雪，再放下草苫的办法，以防草苫潮湿。初冬和早春这种情况较多。严寒冬季出现暴风雪天气，气温低不能揭开草苫，降雪量大，强劲的北风把雪花吹落在前屋面上，越堆越

图5-16 雪后及时清除温室上的积雪

厚，很容易把温室前屋面骨架压垮。这时应及时清除积雪，避免灾害发生（图5-16）。

三、寒流强降温

图5-17 临时加温用的火炉

严寒冬季出现寒流强降温天气是难以避免的。如在晴天遇到寒流强降温，由于温室蓄热量较多，即使连续1～2d，室温也不会降到作物适应温度以下。但连续阴天后再遇到寒流强降温，就容易造成低温冷害或冻害。遇到这种情况，可采取扣小拱棚保温，小拱棚上增加覆盖。不便于扣小拱棚的可进行临时辅助加温，如利用火炉加温（图5-17）、生炭火盆加温。火炉加温要安装好烟囱，防止烟害；生炭火盆应先在室外燃烧，木炭烧红再移入温室内。临时加温只保持作物不受冻害即可，不宜把室温提高过多，以免呼吸消耗多，影响正常生育。日光温室遭受冻害多在前底脚处，因为此处热容量少，与外界接触大，地中横向传导热量损失多，所以设置前底脚防寒沟非常重要。遇到低温灾害天气，在前底脚处，按1m距离点燃一支蜡烛，可保持前底脚附近作物不受冻害和烟害。

四、连续阴天

大棚温室的热能来自太阳辐射，遇到阴天，因为没有太阳光，一般认为没有必

要揭开草苫。其实阴天的散射光仍然可提高室内温度，作物也可在一定程度上进行光合作用。如果遇到连续阴天，始终不揭草苫，就断绝了热能来源，作物不能进行光合作用，只靠体内贮存的营养维持生命，只有消耗而没有积累，时间过长必然受害。所以，遇到连阴天或时阴时晴，只要外温不是很低，尽量揭开草苫。冬季阴雨雪雾天气较多的地区，入冬前应尽量提早覆盖前屋面薄膜，提高地温，使土壤积聚较多热量，冬季遇到连阴天时，由于地温较高，在一定程度上能提高保温效果，减少冻害的发生。

五、冰雹灾害

春秋季节有时降雨夹带冰雹，容易把前屋面薄膜打成很多孔洞，严重时把薄膜打碎。防止办法是及时用卷帘机卷放草苫，遇到冰雹天气及时放下草苫。

六、久阴暴晴

大棚温室在冬季、早春季节，遇到灾害性天气，温度下降，连续几天揭不开草苫，不但气温低，地温也逐渐降低，根系活动微弱；一旦天气转晴，揭开草苫后，光照很强，气温迅速上升，空气湿度下降，作物叶片蒸腾量大，失掉水分不能补充，叶片出现暂时萎蔫现象，如不及时采取措施，就会变成永久萎蔫。遇到这种情况，揭开草苫后应注意观察，一旦发现叶片出现萎蔫，立即把草苫放下，叶片即可恢复；再把草苫卷起来，发现再萎蔫时，再把草苫放下，如此反复几次，直到不再萎蔫为止。如果萎蔫严重，可用喷雾器向叶片上喷清水或1%的葡萄糖溶液，增加叶面湿度，再放下草苫，有促进叶片恢复的作用。

技能训练　园艺设施小气候观测

目的要求　学习园艺设施小气候的观测方法，熟悉小气候观测仪器的使用方法，掌握设施内小气候变化的一般规律。

材料用具　通风干湿球温度计或普通温度计、照度计、最高最低温度计、套管地温表、便携式红外线二氧化碳分析仪、皮尺等。

训练内容

(1) 布置任务　测量1栋日光温室和1栋塑料大棚不同时间、不同位置的小气候环境，根据测量数据，总结设施内小气候环境变化的一般规律。

(2) 方法步骤

① 温、湿度分布　在温室（或大棚）中部选取一垂直剖面，从南向北树立数根标杆，第一标杆距南侧（大棚内东西两侧标杆距棚边）0.5m，其他各杆相距

1m。每杆垂直方向上每 0.5m 设一测点。如图 5-18 所示。

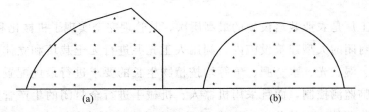

图 5-18　温室大棚垂直剖面温、湿度测点分布示意图
(a) 温室；(b) 大棚

在温室（或大棚）内距地面 1m 高处，选取一水平断面，按东、中、西和南、中、北设 9 个点。如图 5-19 所示。

每一剖面，每次观测时读两遍数，取平均值。两次读数的先后次序相反，第一次先从南到北，由上到下；第二次从北到南，由下到上。每日观测时间：上午 8 时，下午 1 时。

② 光照分布　观测点、观测顺序和时间同温、湿度观测。

③ 温、湿度的日变化观测　观测温室（或大棚）内中部与露地对照区 1m 高处的温、湿度

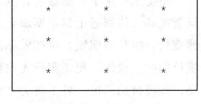

图 5-19　温室大棚水平剖面
测点分布示意
＊表示室外对照点

变化情况，记载 2 时、6 时、10 时、14 时、18 时、22 时的温、湿度。

④ 地温分布与日变化测定　在温室（或大棚）内水平面上，于东西和南北向中线，从外向里，每 0.5～1m 设一观测点，测定 10cm 地温分布情况。并在中部一点和对照区观测 0、10cm、20cm 地温的日变化。观测时间同温度日变化观测。

课后作业

(1) 根据观测数据，绘出温室（或大棚）内等温线图、光照分布图。

(2) 绘出温室（或大棚）温度和湿度的日变化曲线图。

(3) 简要分析温室（或大棚）温度、光照分布特点及其形成原因。

(4) 计算水平温差和垂直温差，水平光差和垂直光差。

考核标准

(1) 按要求测量设施内的温度、湿度和光照环境，数据准确可靠；(30 分)

(2) 按要求准时测量不同时间设施内外温湿度变化，数据准确可靠；(20 分)

(3) 按要求准时测量设施内地温的分布和日变化，数据准确可靠；(20 分)

(4) 按时完成作业，且答案正确。(30 分)

资料卡　　　　　　　　　　　**植 物 工 厂**

　　植物工厂是农业栽培设施的最高层次,其管理完全实现了机械化和自动化。作物在全封闭的大型建筑设施内,利用人工光源进行无土栽培和立体种植,所需要的温、湿、光、水、肥、气等均按植物生长的要求进行最优配置,不仅全部采用电脑监测控制,而且采用机器人、机械手进行全封闭的生产管理,实现从播种到收获的流水线作业,完全摆脱了自然条件的束缚,实现植物高效率、省力化的稳定生产。植物工厂是高投入、高科技、精装备的设施园艺技术,建造成本过高,能源消耗过大,目前只有少数温室投入生产,其余正在研制之中或为宇航等超前研究提供技术储备。

　　植物工厂化生产的显著特点是:采用人工光源,能周年利用,土地利用率显著提高,特别适于都市型农业;由于作物是在最适宜环境下生产,植物生长速度快,生长周期短,生产效率高;可实行计划生产、计划上市;由于周年环境控制的一致性,便于实行无农药、无公害,并生产出质量完全一致的均一产品;环境自动调控,省工省力,劳动效率高;完全摆脱了灾害性气候的影响,对设置场地条件无特殊要求,沙漠、极地、宇宙等地均有可能进行持续的农产品生产。

　　目前许多国家已有植物工厂,截至20世纪80年代中期,世界各国包括奥地利、英国、挪威、伊朗、希腊、利比亚、美国和日本曾经有将近20家企业和农户利用植物工厂生产莴苣、番茄、菠菜和药材、牧草等作物。2009年9月,我国首家以智能控制为核心的生产型植物工厂在长春农博园建成并投入运行。

　　到目前为止,植物工厂主要有以下几种类型。

　　① 太阳光能并用型　该类型植物工厂通常以温室作为栽培场所,以利用太阳光为主,只有在光照不足时才进行人工补充光源,作物生产受外界环境影响较小,比较稳定。该类型植物工厂通常采取水培方式进行生产,除光能利用太阳光外,其他环境因素(温度、水、气、EC值、pH值等)均由计算机自动控制。

　　② 完全人工光源利用型　该类型植物工厂植物生长发育所需要的光能全部由人工供给。目前应用的光源主要有高压钠灯和荧光灯,并且根据栽培作物种类的不同适当地配置金属卤化物灯。完全人工光源利用型的植物工厂一般在栽培室内壁贴上反光率高的反光材料,以增加植物工厂的光照,提高人工光源的利用率。该类型的植物工厂目前一般都以水培方式种植,所有环境因素(温、光、水、EC值、pH值等)均由计算机自动控制。

本章小结

 人为调节和控制园艺设施内的小气候环境，使之适合园艺植物的生长发育是设施栽培的关键技术。设施内的光照环境调控的目标是增加（降低）光照强度、延长光照时间和使光照分布均匀；温度环境主要是通过调节通风量来调节温度的高低；湿度环境主要是通过地面覆盖、通风等方式进行排湿或通过喷雾、灌溉等方式加湿；土壤环境调控主要包括土壤消毒和防止次生盐渍化的形成；气体环境的调控包括防止有害气体的发生和增施 CO_2 气肥。秸秆生物反应堆技术的应用，有利于提高设施地温、改良土壤、释放 CO_2、增强作物抗性，值得在设施园艺生产中大力推广应用。此外，设施生产中会经常遭遇一些灾害性天气，需及时预防并采取相应的管理措施，以保证生产的正常进行。

复习思考题

1. 日光温室的光照环境有何特点？
2. 试比较南北延长的大棚和东西延长的大棚的光照环境有何差别。
3. 简述大棚、温室气温的日变化情况。为什么日光温室在覆盖草苫后气温有所回升？
4. 解释"逆温现象"及其产生的原因。
5. 大棚、温室内的地温在垂直方向上的分布有何特点？
6. 大棚、温室增温保温的具体措施有哪些？
7. 日光温室通风有哪几种方法？日光温室冬季生产通风时应注意哪些问题？
8. 大棚、温室低温季节生产，如何"看天浇水"？
9. 设施内空气相对湿度大小与哪些因素有关？
10. 试述设施内除湿的具体措施。
11. 设施内的土壤有什么特点？
12. 设施内的土壤为什么易发生次生盐渍化？如何防治？
13. 大棚、温室的生产过程中易产生哪些有害气体？如何防除？
14. 设施生产中为什么要施用 CO_2 气肥？
15. 简述用化学反应法进行 CO_2 施肥的过程。
16. 进行 CO_2 施肥时应注意哪些问题？
17. 秸秆生物反应堆的作用原理是什么？为什么温室蔬菜应用此项技术，能够增加产量，改善产品品质？

参 考 文 献

[1] 张彦平. 设施园艺. 北京：中国农业出版社，2008.
[2] 张福墁. 设施园艺学. 北京：中国农业大学出版社，2001.
[3] 凌云昕等. 温室大棚建造与使用. 北京：中国农业出版社，2009.
[4] 韩世栋. 蔬菜生产技术. 北京：中国农业出版社，2008.
[5] 李志强. 设施园艺. 北京：高等教育出版社，2006.
[6] 王宇欣，段红平. 设施园艺工程与栽培技术. 北京：化学工业出版社，2008.
[7] 李式军. 设施园艺学. 北京：中国农业出版社，2002.
[8] 邹志荣. 园艺设施学. 北京：中国农业出版社，2002.
[9] 张乃明. 设施农业理论与实践. 北京：化学工业出版社，2006.
[10] 朱永和等. 棚室建造与管理知识问答. 北京：中国林业出版社，2008.
[11] 穆天民. 保护地设施学. 北京：中国林业出版社，2004.
[12] 黄丹枫等. 现代温室园艺. 上海：上海教育出版社，2005.
[13] 设施园艺发展对策研究课题组. 我国设施园艺产业发展对策研究. 长江蔬菜，2010，(4)：70-74.
[14] 陈伟旭，金鹍鹏，张蓓. 北方寒冷地区双连栋日光温室的研究. 农机化研究，2010，(2)：152-155.
[15] 陈杏禹. 蔬菜栽培. 北京：高等教育出版社，2010.
[16] 蒋锦标等. 内保温组装式温室的实证性研究. 农业工程技术·温室园艺，2009，(7).
[17] 吴国兴. 保护地设施类型与建造. 北京：金盾出版社，2002.
[18] 马伟. 国内外温室园艺机器人的研究和应用现状. 农业工程技术·温室园艺，2009，(25)：19-20.